CURSO BÁSICO DE SOLDADURA - MANUAL DEL PARTICIPANTE

Msc. Francisco Javier González Rodríguez Ing.

Copyright © 2018 Msc Francisco J. González R. Ing.

All rights reserved.

ISBN: 1727077040
ISBN-13: 978-1727077049

DEDICATORIA

A la memoria de Isabel Cecilia Rodríguez de González.
Gracias por aquella sorpresa que siempre mostraste por mis logros profesionales, los disfrutaste aún más que yo.
Gracias por aquella emoción que ponías cuando me preguntabas que hacía y te explicaba y comenzabas a preguntar porque esto o aquello, mi técnica de enseñanza logre pulirla sobre la base de tu curiosidad.
Gracias por siempre estar pendiente de mis ideas, planes y proyectos, mantenías una ilusión por ver una fábrica en producción de libros que aún no he cristalizado.
Gracias porque como persona me guiaste desde mis primeros pasos hasta que me dejaste en la puerta de ser un profesional serio y responsable.
Gracias mamá por ser eso mi mamá.
Maracaibo 18-12-1949
Cabimas 06-05-2017

CONTENIDO

	Agradecimientos	I
1	Proceso de soldadura	1
2	Simbología de la soldadura	5
3	Soldadura manual al arco con electrodo revestido - SMAW	21
4	Sistema de soldadura con atmosfera protegida - GMAW	33
5	Soldadura por arco sumergido - SAW	54
6	Procedimientos de soldadura y su clasificación	59
7	Discontinuidades de la soldadura	65
8	Causas y soluciones en problemas de soldadura	82
9	Técnicas de inspección superficial	92

AGRADECIMIENTOS

A las personas y empresas quienes confiaron en el criterio técnico que como ingeniero aporte en cada una de las responsabilidades y trabajos que me fueron asignados o los cuales asumí, fue una gran experiencia forma parte de estas organizaciones, algunas ya no existen hoy día o han sufrido grandes procesos de transformación, las últimas dos continúan siendo exitosas empresas de formación:

LAGOVEN S.A.
PDVSA CIED
GOBERNACIÓN DEL ESTADO ZULIA – SERVICIO AUTÓNOMO PUENTE GENERAL RAFAEL URDANETA
ACOPROIN C.A.
SERVICIOS GERENCIALES DE PROYECTOS S.A.

1 PROCESOS DE SOLDADURA

Definición: es un proceso que tiene como objetivo llevar a cabo la unión de dos o más metales, mediante la aplicación de alguna forma de energía, donde el metal de aporte tiene propiedades físicas y químicas compatibles con la del metal base. En ambos casos, la unión se puede producir con o sin material de aporte, utilizando técnicas razonablemente económicas.

- Soldadura (welding): es una mezcla o coalescencia entre el metal base y el metal de aporte.
- Soldadura fuerte (brazing): el metal base y el metal de aporte están unidos por adherencia, no hay coalescencia o mezcla de ambos, utiliza un metal de aporte con punto de fusión más bajo que el del metal base, pero superior a 800 °F. Por ejemplo: soldadura de aplicaciones de bronce y aleación de plata.
- Soldadura blanda (solderig): similar a la soldadura fuerte, con la diferencia de que el metal de aporte tiene una temperatura de fusión por debajo de 800 °F. Por ejemplo soldadura de plomo y estaño.

Formas de realizar los diferentes procesos de soldadura: En general los procesos de soldadura se pueden efectuar de la forma siguiente:

1. Con el uso de calor.
2. Con el uso de presión.
3. Con la combinación de calor y presión.

De acuerdo a la forma de realizar la unión, ésta se divide en:

1. Unión por presión: las partes a unir se funden juntas, con la aplicación de calor y puede o no usar presión y material de aporte. Ej.: soldadura al arco eléctrico, soldadura oxiacetilénica.
2. Unión por resistencia eléctrica: el calor necesario para soldar se genera por la resistencia de las partes al paso de una corriente eléctrica, difiere de la unión por fusión en que requiere, además de calor, la aplicación de presión mecánica, para unir las partes. Ej. soldadura por puntos, soldadura por percusión, etc.
3. Unión en fase sólida: cualquier método de soldadura en el que se utiliza presión, o calor y presión para realizar la unión sin fusión. Ej. Soldadura por fricción, Soldadura por explosión, soldadura ultrasónica, soldadura en frío por presión.
4. Unión en fase sólida—líquida: las partes a unir se calientan, pero no se funden y la unión se logra adicionando un metal fundido diferente, que tiene un punto de fusión más bajo que el metal base. Ej. soldadura fuerte, soldadura blanda.

Fuentes de energía para realizar la soldadura:

1. Eléctricas: arco eléctrico, resistencia eléctrica, haz electrónico y radiación electromagnética.
2. Químicas: la combustión de gases y la oxidación de ciertos metales son reacciones exotérmicas, es decir, desarrollan calor cuando se efectúan, siendo aprovechado este calor para calentar los metales. Ej. la soldadura oxiacetilénica y la soldadura aluminio térmica. Soldadura oxiacetilénica: se produce

calentando con una llama, que se obtiene de la combustión del oxígeno y el acetileno ( ), que genera alrededor de 3.300 y 3.500° C, con o sin el uso de metal de aporte. En la mayoría de Los casos, la junta se calienta hasta el estado de fusión.

Soldadura aluminio térmica o de termita: también llamada de Gold-Schmidt, se efectúa a base del calor de una reacción química exotérmica, basada en el hecho de que el aluminio tiene gran afinidad con el oxígeno y puede usarse como agente reductor para muchos óxidos.

3. Mecánicas: soldadura por fricción o soldadura por inercia, es un procedimiento en que la energía cinética acumulada en una de las piezas se utiliza en la generación del calor necesario para conseguir la fusión.

Concepto de arco eléctrico: Puede considerarse como una descarga o interacción entre dos polos; uno positivo (+) llamado ánodo y otro negativo (—) llamado cátodo, separado por la columna del arco, donde se forma o genera el plasma, que son gases y metales ionizados que conducen la electricidad. La llama externa se debe al calor desarrollado por los gases cuando regresan a su estado molecular.

De acuerdo a las convenciones, la electricidad fluye del ánodo (+) al cátodo (—), pero en el arco se visualizar como un bombardeo de electrones provenientes del cátodo y un flujo de iones (partículas positivas). El rápido movimiento de estas partículas en el plasma y el choque entre ellas o con los polos genera el calor.

Máquinas para soldadura eléctrica al arco:

1. Transformadores: toman la corriente de la red, transformándola (es decir, cambiando alto voltaje por bajo voltaje y el bajo amperaje por alto amperaje). Suministran corriente alterna, ésta cumbia de sentido continuamente, por lo tanto, no proporciona polaridad.
Ventajas: mantenimiento reducido, bajo precio, espacio reducido.
Desventajas: no es posible obtener polaridad, por lo tanto no se puede soldar todo tipo de electrodo.

2. Rectificadores: toman la corriente de la red transmitiéndola y luego rectificándola. Suministran corriente directa y/o alterna.
Ventajas: son generalmente del tipo trifásico, por lo que pueden construirse de elevadas capacidades. Proporcionan polaridad, por lo tanto se puede soldar todo tipo de electrodo. Son máquinas sumamente versátiles, ya que reúnen algunas ventajas de los transformadores y generadores.

3. Generadores: proporciona corriente continua a través de un motor eléctrico que se la red o por medio de un motor de combustión interna.
Ventajas: fabricadas para uso rudo, transporte relativamente sencillo, se construye para altos rangos de amperaje, la c.c. que genera puede emplearse para soldar la mayoría de los metales, acoplada a un motor de combustión interna se puede usar en exteriores, donde no existan líneas de corriente eléctrica.

Polaridad: es la que indica el sentido de circulación de la corriente.

- Polaridad directa o negativa: el porta electrodo va conectado al polo negativo y la pieza de trabajo al polo positivo.
- Polaridad inversa o positiva: el porta electrodo va conectado al polo positivo y la pieza de trabajo al polo negativo.

Ciclo de trabajo de una máquina soldadora: Es un parámetro muy importante de conocer ya que de su correcta aplicación dependerá que la máquina trabaje eficientemente, sin calentarse o desgastarse excesivamente.

Según la National Electrical Manufacturers Association (NEMA), el ciclo de trabajo de una máquina soldadora se define como "el porcentaje de trabajo efectivo de una máquina soldadora, por cada 10 de trabajo a su amperaje nominal." Ejemplo: para una máquina de las siguientes características:

- Inmensidad nominal: 300 A ciclo de trabajo nominal: 60 %
- Esto quiere decir que la máquina trabajará a 300 Amp. Solamente 6 de cada 10 minutos, y los cuatro minutos restantes (40 %) deberá descansar, operando en vacío, sin establecer arco entre el electrodo y el metal base.

Efectos del aire y la humedad en las uniones soldadas con procesos al arco eléctrico

Los efectos negativos del aire y la humedad han llevado a implementar una serie de procesos de soldadura que buscan siempre perfeccionar el método anterior para minimizar dichos efectos.

Efectos del aire: el oxígeno presente en el aire al introducirse en la unión soldada puede producir óxidos, lo cual es perjudicial para la soldadura; el nitrógeno presente en el aire puede formar, en los metales ferrosos nitratos de hierro, lo cual puede acarrear agrietamiento en la unión soldada.

Para proteger el arco y el metal fundido de la acción negativa del aire se han diseñado una serie de procesos de soldadura, en los cuales el objetivo es el de crear una atmósfera protectora del arco eléctrico y el metal líquido en el charco de soldadura:

a. SMAW SHIELDED METAL ARC WELDING, SOLDADURA MANUAL CON ELECTRODO REVESTIDO
   Proceso que utiliza un electrodo revestido o recubierto, en donde el revestimiento contiene compuestos químicos que se descomponen con la elevada temperatura producida en el arco, formando una atmósfera gaseosa protectora del arco y del charco de soldadura.
b. GMAW GAS METAL ARC WELDING, SOLDADURA CON ARCO METÁLICO Y PROTECCIÓN DE GAS - MIG/MAG METAL INERT GAS / METAL ACTIVE GAS, METAL CON GAS INERTE Y/O GAS ACTIVO - MICROWIRE NOMBRE COMERCIAL PARA LOS PROCESOS DE ALAMBRE DESNUDO CONTINUO
   Proceso que utiliza alambre desnudo, que se alimenta continuamente y la producción se lleva a cabo con gases inertes
c. GTAW GAS TUNGSTEN ARC WELDING, SOLDADURA CON ELECTRODO DE TUNGSTENO Y PROTECCIÓN GASEOSA - TIG TUNGSTEN INERT GAS, GAS INERTE DE TUNGSTENO
   Proceso con electrodo no consumible de tungsteno, y protección gaseosa con gases inertes
d. SAW SUB MERGED ARC WELDIND, SOLDADURA POR ARCO SUMERGIDO
   Proceso con electrodo consumible y la protección se lleva a cabo por un fundente de tipo granular

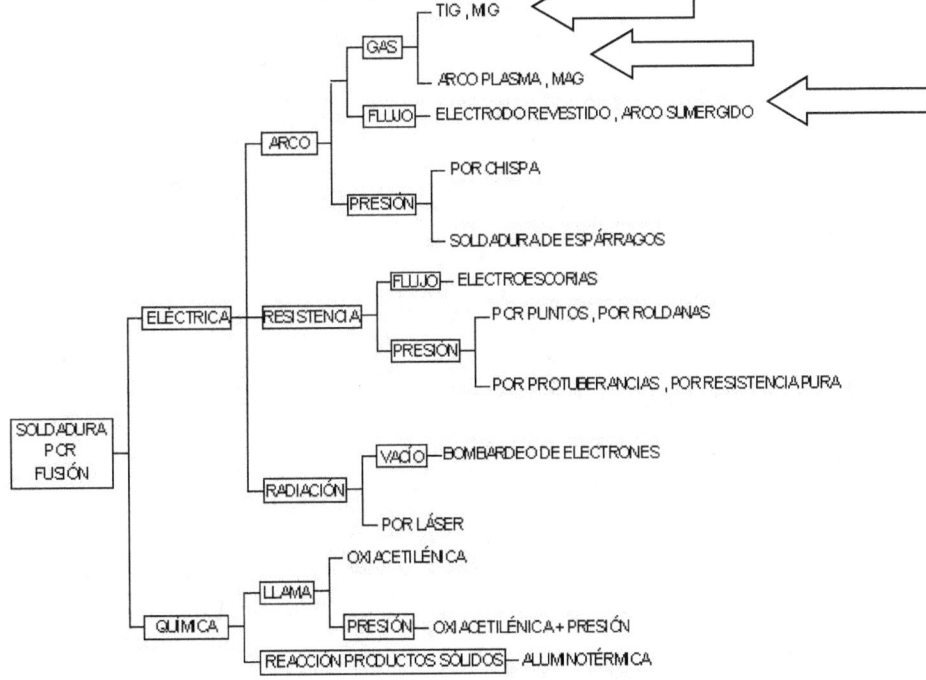

FIG LOS TIPOS DE SOLDADURA DE ARCO CUBIERTO ES ESTE LIBRO

Efectos de la humedad: el agua (H_2O), con la alta temperatura del arco se disocia en oxígeno e hidrógeno. El oxígeno produce porosidades (CO) y óxidos (FeO, SiO_2); el hidrógeno, en los metales ferrosos, produce hidruros de hierro, originando agrietamientos en uniones soldadas.

Para culminar la influencia negativa del hidrogeno se desarrollaron electrodos revestidos orgánicos o bajo hidrógeno.

Tipos de soldaduras: Uno de los aspectos del diseño de juntas es él correspondiente al tipo de soldadura que se utiliza en la junta. Existen cinco tipos básicos de soldadura: la de cordón, la ondeada, la de filete, la de tapón y la de ranura.

- Las soldaduras de cordón se hacen en una sola pasada, con el metal de aporte sin movimiento hacia uno u otro lado. Esta soldadura se utiliza principalmente para reconstruir superficies desgastadas, y en muy pocos casos se emplea para juntas.
- Las soldaduras ondeadas se logran haciendo un cordón con algo de movimiento hacia uno y otro lado. El ancho del cordón depende del diseño o de la necesidad. Entre estas soldaduras hay también varios tipos, como el de zigzag, el circular y otros. Las soldaduras ondeadas también se usan primordialmente para la reconstrucción de superficies.
- Las soldaduras de filete son de sección transversal aproximadamente triangular, que une superficies situadas esencialmente en ángulo recto entre sí en una junta de traslape, en o en esquina. No tienen ninguna ranura o canal para depositar el material de aporte.
- Las soldaduras de filete son similares a las de ranura, pero se hacen con mayor rapidez que éstas, y a menudo se las prefiere en condiciones similares por razones de economía
- Las soldaduras de tapón y de agujero alargado sirven principalmente para hacer las veces de remaches. Se emplea para unir por fusión dos piezas cuyos bordes, por alguna razón, no puedan fundirse. Puede soldarse un circulo interior (de tapón), o una abertura o ranura alargada, dejando las orillas libres.
- Las soldaduras de ranura (de holgura entre bordes de piezas) se hacen en la ranura que queda entre dos piezas de metal. Estas soldaduras se emplean en muchas combinaciones, dependiendo de la accesibilidad, de la economía, del diseño y del tipo de proceso de soldadura que se aplique.

2 SIMBOLOGÍA DE LA SOLDADURA.

Los símbolos de soldadura y de ensayos no destructivos constituyen un medio para indicar en los dibujos de ingeniería: información completa sobre aspectos de soldadura de ensayos no —destructivos. Estos símbolos facilitan la comunicación entre diseñadoras, personal de fabricación e inspección.

Los símbolos de soldadura se utilizan para indicar en forma exacta y completa el tipo de junta, dimensiones, localización, acabado de uniones producidas por soldadura. Adicionalmente en ellos se puede hacer referencia a especificaciones, procedimientos en la fabricación, o cualquier otra referencia necesaria.

En esta sección se explican los elementos fundamentales para la construir estos símbolos así como algunos ejemplos de aplicación. Para mayor información sobre este tema, consultar la última edición de la publicación AWS A2.4: "Symbols for Welding and Nondestructive Testing"

SÍMBOLOS DE SOLDADURA.

Los símbolos que se utilizan para indicar los detalles de soldadura requeridos en una unión están estandarizados por la "American Welding Society (AWS)". Es importante destacar, que durante estos últimos años, diferentes organizaciones internacionales, entre ellos el instituto internacional de la soldadura (IIW) han hecho un gran esfuerzo por unificar estos símbolos, de tal manera de integrar un sistema común que pueda ser utilizado en todo el mundo.

Un símbolo de soldadura está constituido por varios elementos de los cuales algunos pueden ser opcionales. Estos elementos son:

a) Línea de referencia.
b) Flecha.
c) Símbolo básico de soldadura.
d) Dimensiones y otros datos.
e) Símbolos suplementarios.
f) Acabado.
g) Cota.
h) Especificación, procedimiento o cualquier otra referencia.

LÍNEA DE REFERENCIA.

La base para construir un símbolo de soldadura lo constituye la línea de referencia. Esta siempre es dibujada en posición horizontal, y cerca de la unión soldada a la cual identifica. El resto de los elementos se encuentran sobre la línea de referencia de acuerdo a lo indicado en la figura 1

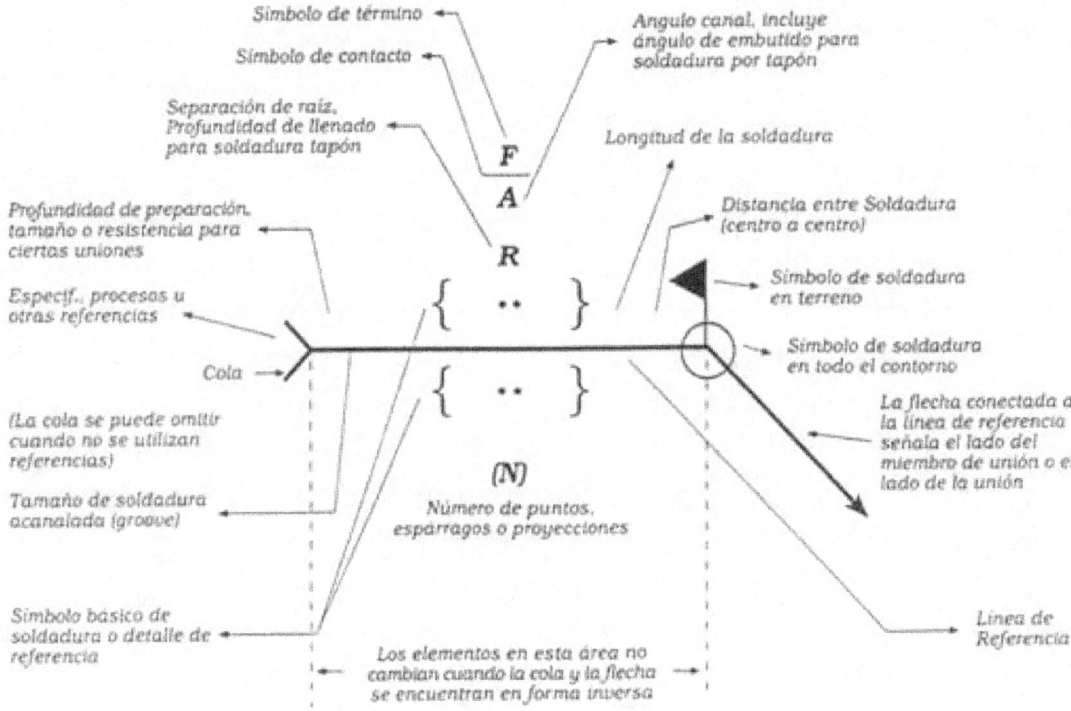

FIG.1 - LOCALIZACIÓN NORMALIZADA DE LOS ELEMENTOS DE UN SÍMBOLO DE SOLDADURA.

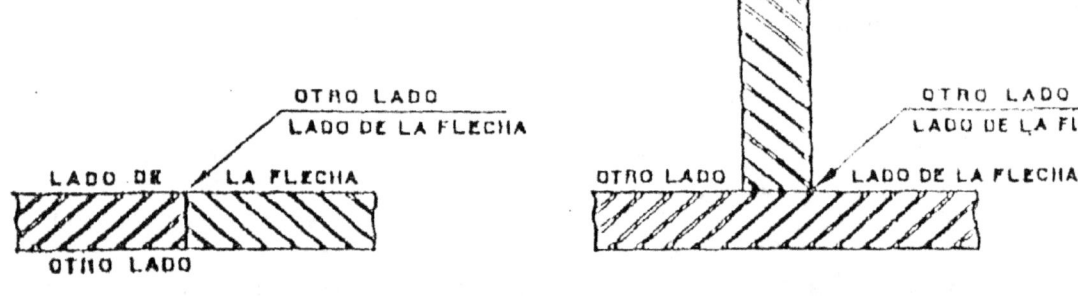

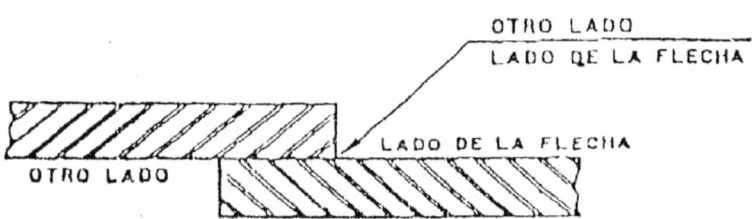

FIG.2 NOMENCLATURA UTILIZADA PARA DENOTAR LOS LADOS DE PIEZA EN RELACIÓN CON LA UBICACIÓN DE LA FLECHA.

a. FLECHA

La flecha es una línea, que conecta un extremo de la línea de referencia con uno de los lados de la junta soldada. A este lado se le denomina "lado de la flecha" mientras que al lado opuesto se le denomina "otro lado de la flecha" (fig 2).

b. SÍMBOLO BÁSICO DE LA SOLDADURA.

El elemento más importante de un símbolo de soldadura, es el símbolo básico. Este se utiliza para indicar el tipo de soldadura deseado (fig. 3) Si el símbolo básico de soldadura se coloca por debajo de la línea de referencia, este se refiere a la soldadura del lado de la flecha; mientras que si este se coloca por encima de la línea de referencia, se refiere a la soldadura del otra lado de la flecha. Cuando aparecen situados a ambos lados de la línea de referencia se requiere soldar ambos lados de la unión. (Fig 4).

c. DIMENSIONES Y OTROS DATOS.

Las dimensiones de la soldadura se indican en el mismo lado de la línea de referencia donde se dibuja el símbolo básico.

- Soldadura en Filete.
  El tamaño de una soldadura en filete (lado del filete) cabe ser indicado a la izquierda del símbolo básico (fig. 5). La longitud y separación de soldaduras intermitentes se indican a la derecha del símbolo básico. (Fig. 6)

- Soldadura a Tope.

  Las dimensiones relativas a la preparación de la junta deben indicarse del mismo lado de la línea de referencia donde dibuja el símbolo básico de soldadura. La profundidad del bisel, así como la garganta electiva, deben indicarse a la izquierda del símbolo (fig. 7). Cuando estas dimensiones no se indican significa que se requiere penetración completa.

d. SÍMBOLOS COMPLEMENTARIOS.

Como lo indica su nombre, estos símbolos se utilizan para complementar la información suministrada por los símbolos básicos de soldadura. En la Fig. 8 y 9 se ilustran estos símbolos y en las Fig. 10 y 11 se muestran algunos ejemplos de aplicación.

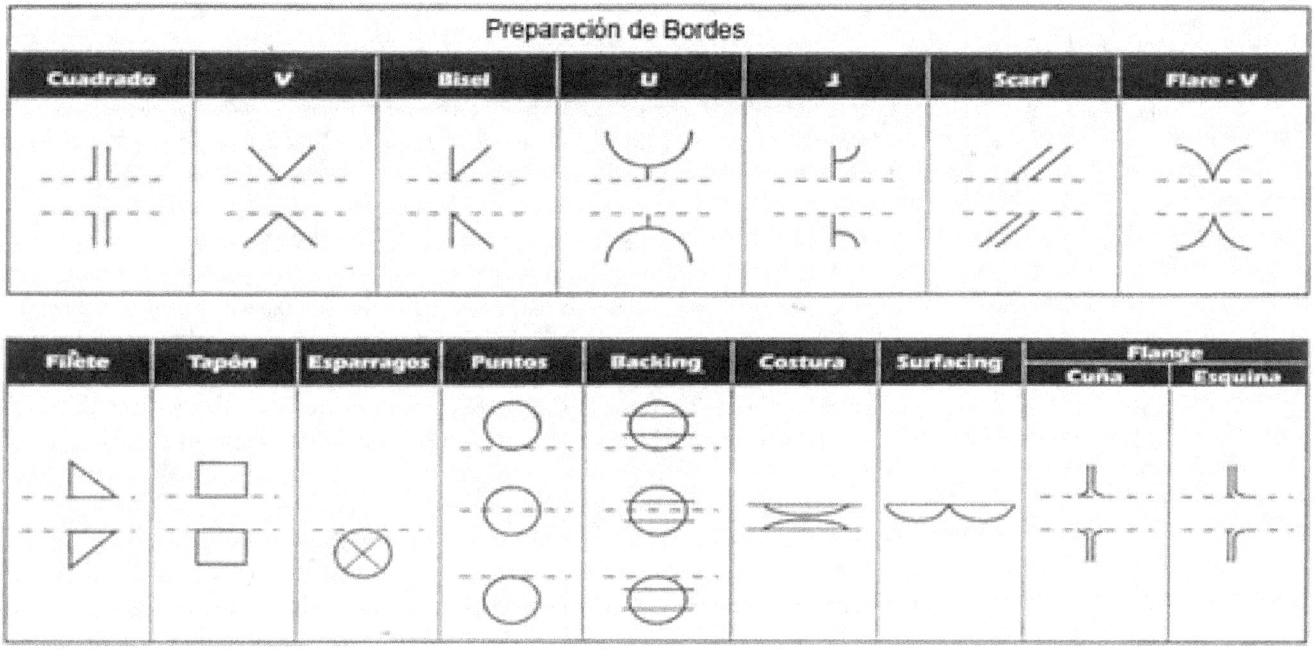

Preparación de Bordes						
Cuadrado	V	Bisel	U	J	Scarf	Flare - V

Filete	Tapón	Esparragos	Puntos	Backing	Costura	Surfacing	Flange	
							Cuña	Esquina

Fig. 3 Símbolos básicos de soldadura.

  e. ACABADO.

Los símbolos de acabado indican el modelo (no el grado) de acabado de una soldadura.

C: Cincelado.
G: Acabado con abrasivo (esmerilado).
M: Maquinado.
R: Laminado.
H: Martillado.

  f. Cola.

La cola del símbolo de soldadura, se utiliza para indicar procedimientos de soldadura, específicamente, o cualquier otra referencia que sea necesaria. Cuando no se requiera indicar este tipo de información, la cola puede ser omitida.

A través de la combinación de los símbolos básicos de soldadura, adicionarles a las muestras en esta sección, son presentadas en la publicación AWS A2.4

SÍMBOLOS DE ENSAYOS NO DESTRUCTIVOS.

Como fue mencionado anteriormente, estos símbolos se utilizan para especificar los requerimientos de inspección de una soldadura mediante ensayos no destructivos.

Los elementos que constituyen estos símbolos, son similares a los símbolos de soldadura.

Estos elementos son:

a) Línea de referencia.

b) Flecha.
c) Símbolos básicos.
d) Símbolos complementarios.
e) Cola.

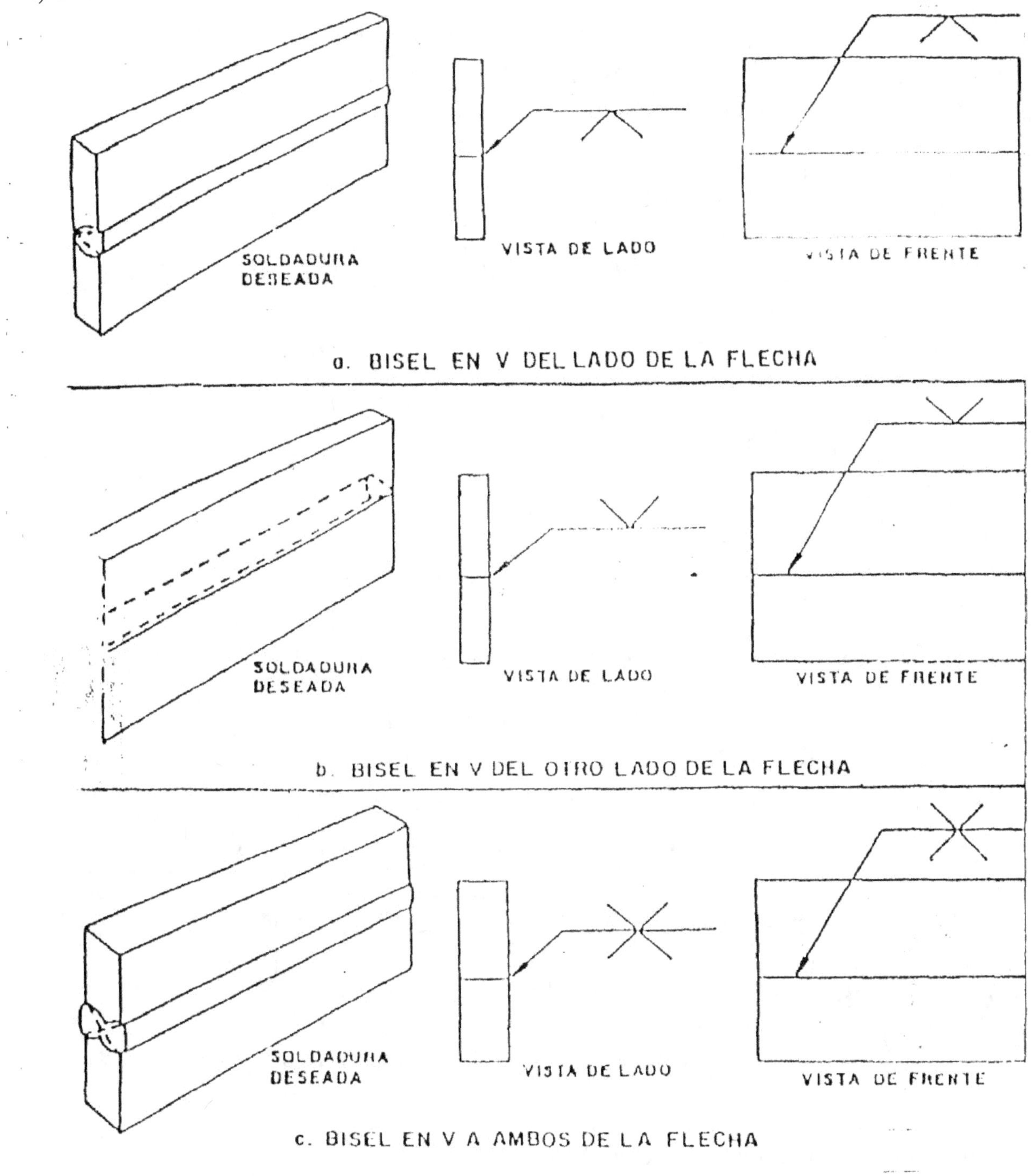

a. BISEL EN V DEL LADO DE LA FLECHA

b. BISEL EN V DEL OTRO LADO DE LA FLECHA

c. BISEL EN V A AMBOS DE LA FLECHA

FIG. 4 -APLICACIÓN DE LA NOMENCLATURA "LADO DE LA FLECHA" Y "OTRO LADO DE LA FLECHA"

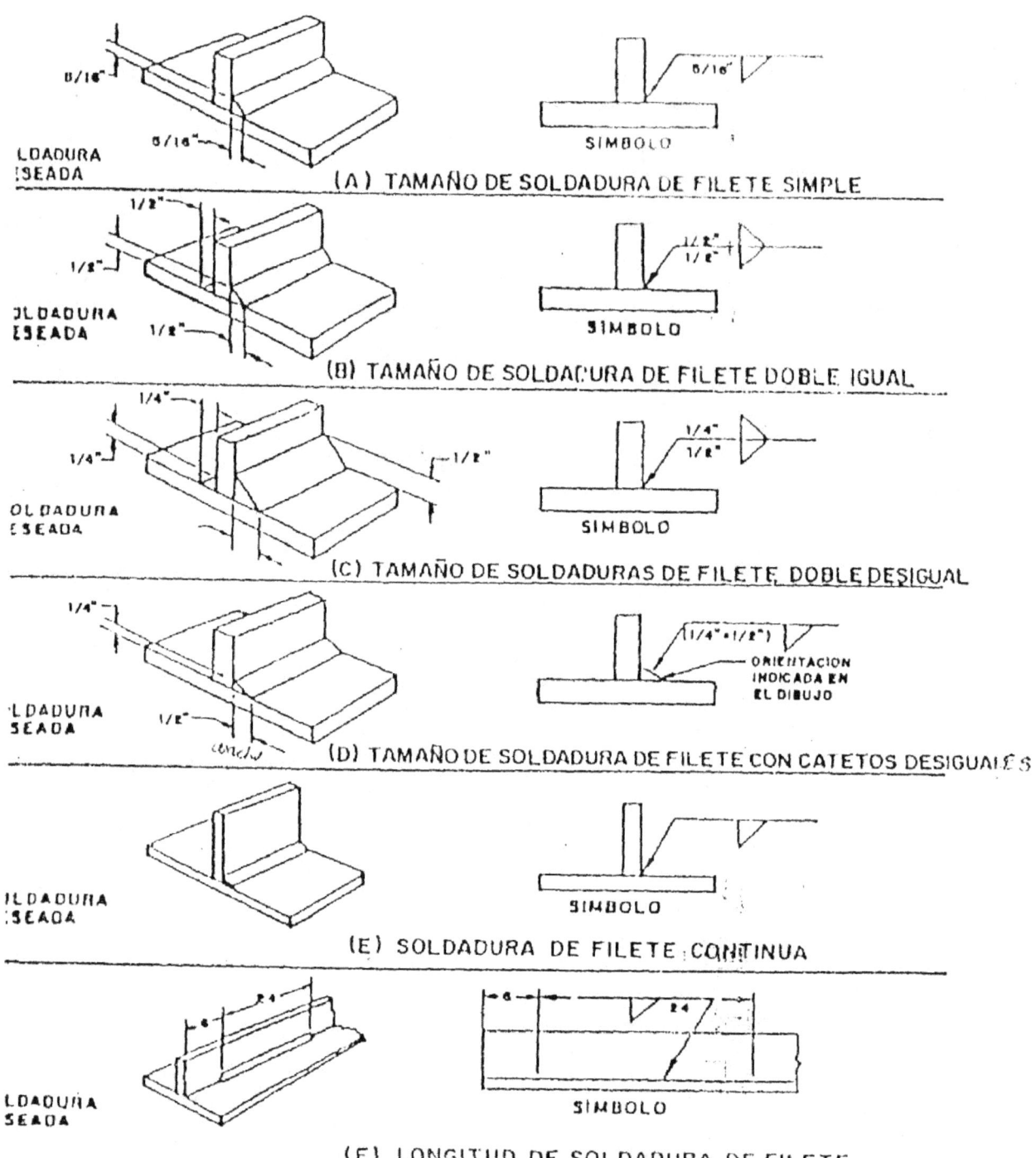

FIG. 5 DIMENSIONADO DE SOLDADURA EN FILETE

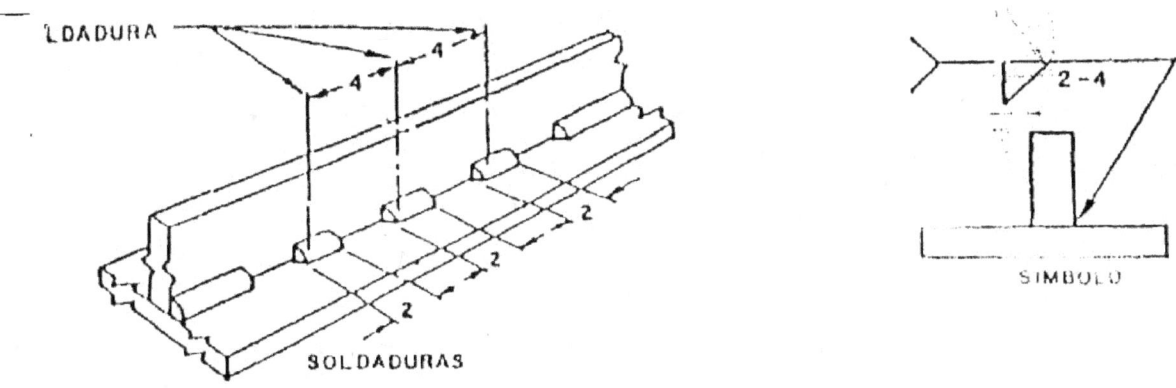

(A) LARGO Y ESPACIAMIENTO DE LOS INCREMENTOS DE UNA SOLDADURA INTERMITENTE.

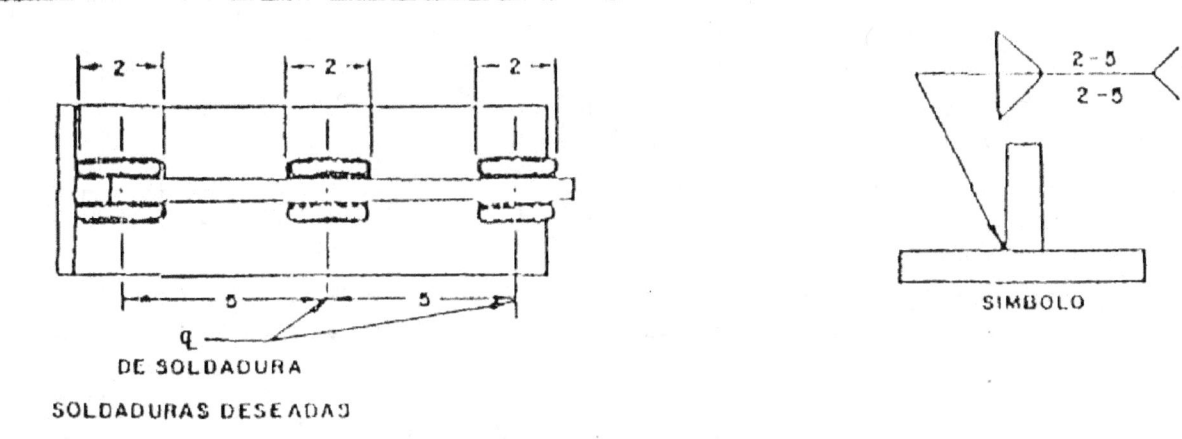

(B) LARGO Y ESPACIAMIENTO DE LOS INCREMENTOS DE SOLDADURA INTERMITENTE EN CADENA.

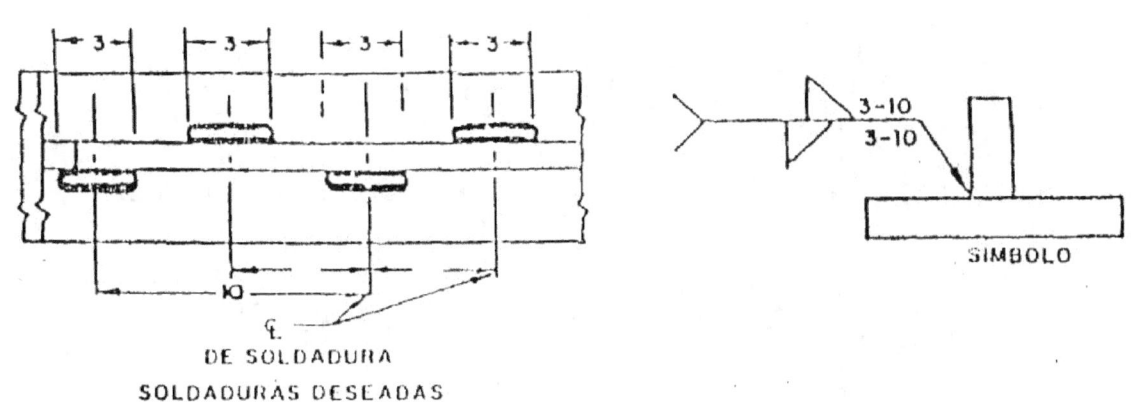

(C) LARGO Y ESPACIAMIENTO DE LOS INCREMENTOS DE SOLDADURA INTERMITENTE ESCALONADO.

FIG 6 DIMENSIONADO DE SOLDADURAS EN FILETE INTERMITENTE

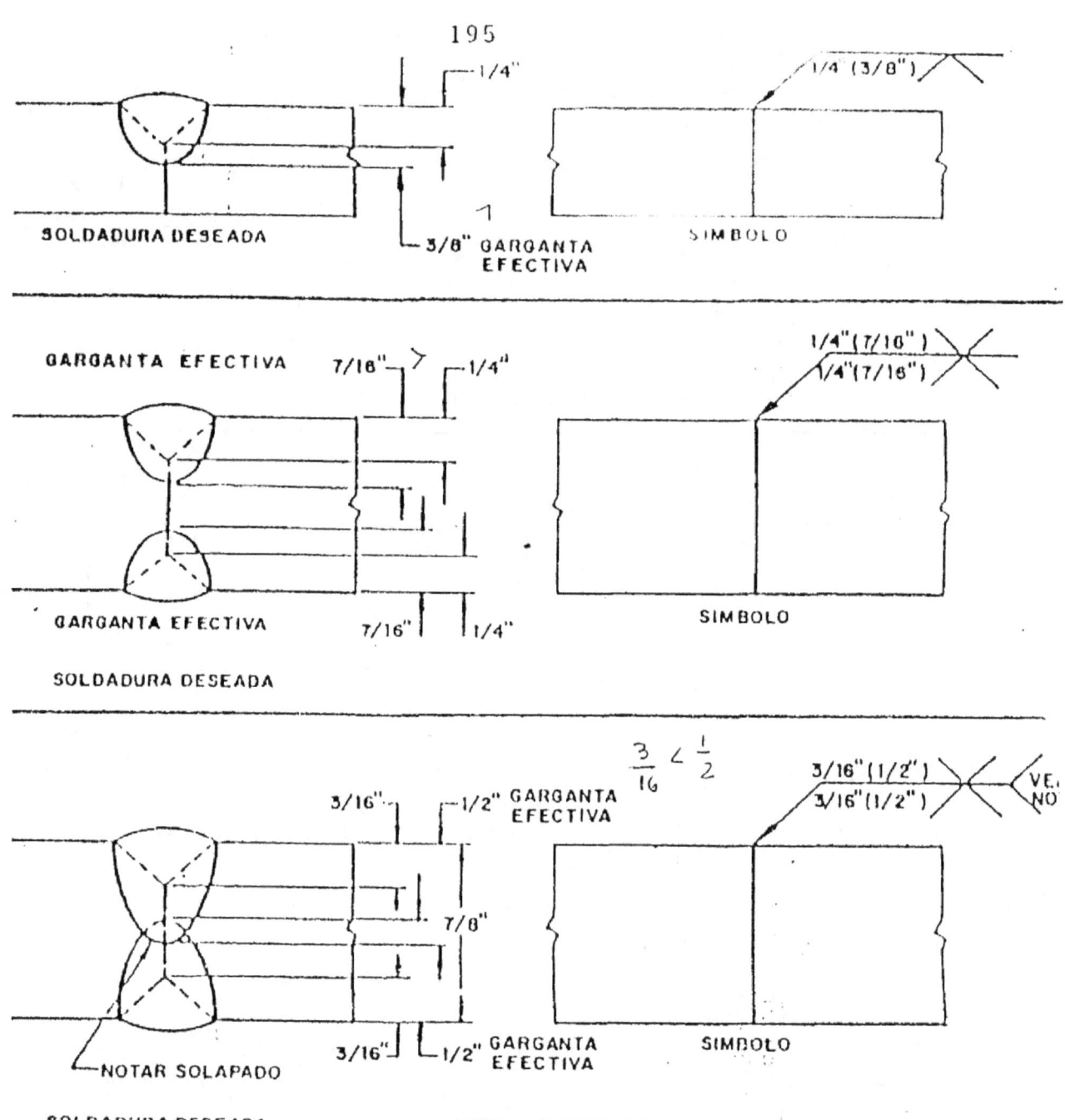

FIG. 7 DESIGNACIÓN DE LA GARGANTA EFECTIVA Y PROFUNDIDAD DE PREPARACIÓN EN SOLDADURA EN RANURA

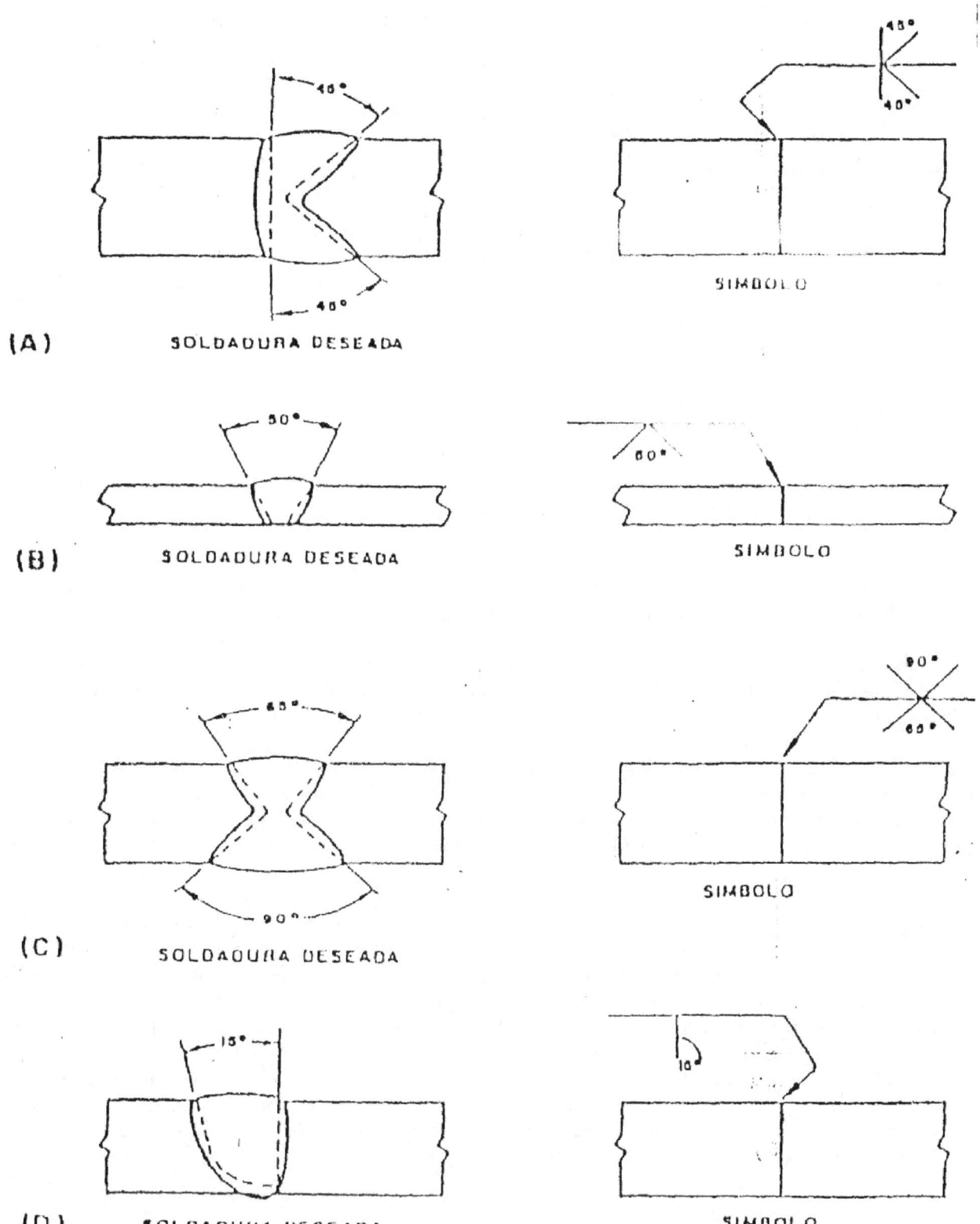

FIG .8 DESIGNACIÓN DEL ANGULO DE LA RANURA

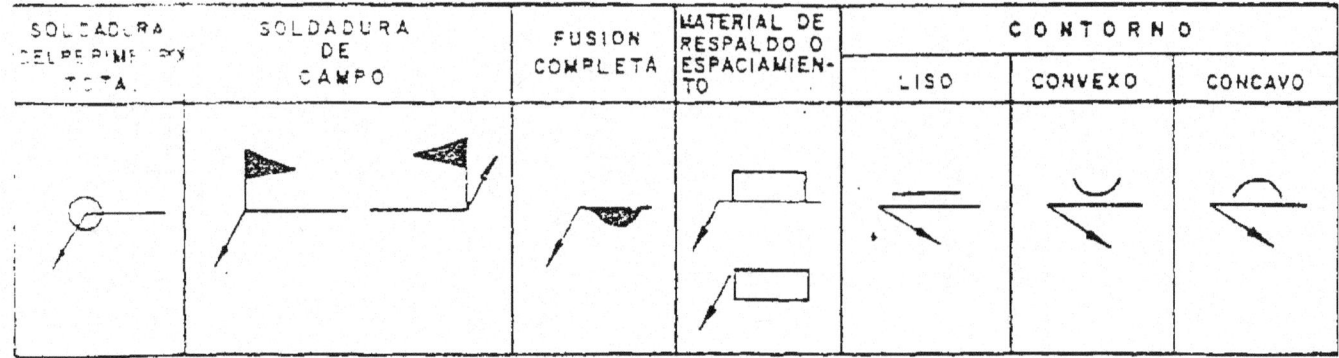

FIG. 9 SÍMBOLOS SUPLEMENTARIOS

TIPOS DE UNIONES Y POSICIONES DE SOLDEO

Uniones a tope: En las uniones a tope la soldadura se realiza entre los bordes de las piezas a enlazar, la preparación de los borde se hará de acuerdo con el espesor de las piezas a soldar.

Unión a tope con bordes rectas. Este tipo de preparación se emplea para espesores hasta 4 mm. Para conseguir una resistencia óptima es necesario fundir los bordes completamente, para lo cual debe dejarse una separación adecuada. Por el procedimiento de arco sumergido, se puede soldar con esta preparación espesores hasta-un 10 mm., una separación de unos 3 mm. Este tipo de junta es razonablemente resistente a esfuerzos estáticos, pero no es recomendable: para casos sometidos a fatiga o a cargas de impacto, especialmente a bajas temperaturas. La preparación de la junta es relativamente fácil, pues sólo requiere igualar los bordes de las piezas. Consecuentemente, el caso de preparación es bajo.

Unión a tope con bordes en V: esta preparación se emplea para espesores superiores a unos 8 mm. Sin embargo, no es recomendable para espesores superiores a 20 mm. Es más costosa que la preparación con bordes rectas debido a que exige el achaflanado de la pieza y además, precisa una mayor cantidad de aporte, presenta buena resistencia a cargas estáticas, pero no es particularmente adecuada para soportar esfuerzos de flexión que produzca tracción en el cordón de raíz.

Unión a borde con tope en X. Es la que presenta el mejor comportamiento ante todo tipo de cargas. Se suele recomendar para unos espesores superiores a unos 10 o 20 mm. Para conseguir una buena resistencia la penetración debe ser completa desde ambos lados. El costo de una preparación es mayor que en las uniones en V, pero esto se puede compensar en el ahorro que presenta en el material de aporte. Para aumentar la simetría de la junta y reducir al mínimo la deformación, los cordones deben depositarse alternativamente, a un lado y otro de la junta.

Unión a tope con bordes en U. Este tipo de juntas responde correctamente a todas las condiciones ordinarias de carga lo que se suelen utilizar para trabajos que requieran una gran calidad. Su campo de aplicación más adecuada se encuentra entre 13 y 20 mm. De espesor. Aunque existe una preparación más costosa que las anteriores, requiere menos material de aporte y origina menos deformación.

Unión a borde en doble U. Es recomendable para espesores superiores a 20 mm. Y siempre que la soldadura pueda realizarse fácilmente. Desde ambos lados de la pieza. Es la preparación que presenta un mejor comportamiento ante cualquier condición de carga. Por el contrario, es la que exige unos costos de preparación más elevados.

- Unión en ángulo interior (en T). En este tipo de uniones las piezas se disponen formando un ángulo de aproximadamente 90° y de forma que el borde de una do las piezas descanse sobre la superficie de la otra. Es aplicable a cualquier espesor y según seas éste y según el grado de penetración que se quiera conseguir, se suelen adaptar los siguientes tipos de preparaciones: borde recto, simple chaflán, doble chaflán, simple J y doble J.

- Unión en T. Borde recto. La unión se realiza mediante cordones en ángulo que se puede depositar desde uno o ambos lados de la junta. Se pueden utilizar sobre espesores ligeros o razonablemente fuertes, siempre que las cargas, sometan la soldadura únicamente a cortadura longitudinal. Puesto que la distribución de tensiones sobre la junta puede no ser uniforme, este factor debe considerarse en las zonas sometidas a fuertes impactos o donde actúen elevadas cargas transversales. Para conseguir una buena resistencia se requiere gran cantidad de material de aporte.

- Unión en T con simple chaflán. Este tipo de unión procura una mejor distribución de tensiones, por' lo que puede soportar mayores cargas que la anterior. La soldadura se realiza desde un solo lado y se suele limitar a espesores iguales o menores a 12 mm..

- Unión en T con doble chaflán. Tiene un mayor capacidad resiste y puede soportar tanto cortadura longitudinal como transversal. Sólo es aplicable cuando la soldadura se puede realizar desde ambas caras.

- Unión en T simple J. Aplicable a espesores de 25 mm. O más y siempre que la soldadura sólo sea accesible desde una cara. Especialmente adecuada para soportar grandes cargas.

- Unión en T doble J. Particularmente adecuada para grandes espesores (del orden. de 40 mm. o más) y siempre que las cargas a soportar sean muy importantes. Solo es aplicable cuando la junta es accesible desde ambas caras

UNIONES A SOLAPE.

Como su nombre lo indica, las piezas se disponen de forma que un solape parcialmente a la otra. Para conseguir una buena resistencia, la longitud del solape debe ser mayor del triple del espesor de la pieza más fina. La unión se puede conseguir mediante la aplicación de uno o dos cordones de soldadura.

- Unión a solape con un solo cordón. Es de muy fácil realización. El .metal de aporte se deposita simplemente a lo largo de uno de los rincones que dejan la piezas al disponer una sobre la otra La resistencia de la soldadura depende del espesor del cordón en ángulo depositado. La soldadura mediante un solo cordón es aplicable hasta unos 12 mm. De espesor, siempre que la carga a soportar no sea muy severa.

- Unión a solape mediante dos cordones. Tiene capacidad de carga mucho mayor que la anterior. Es un tipo de unión muy utilizado en soldadura. Como regla general, si la soldadura se realiza correctamente su resistencia es comparable a la del metal base

- Uniones en ángulo exterior. Son ampliamente utilizadas en la unión de secciones que no están sometidas a grandes esfuerzos. Según la disposición de los bordes, las podemos clasificar en uniones en ángulo exterior cerradas, semiabiertas y abiertas.

- Uniones en esquina. Cerrada. Se emplea principalmente para espesores finos, debido a que no permite conseguir una buena penetración. Poco recomendable por su pequeña capacidad de carga (ver fig. 2.22A).

- Unión es esquina. Semiabierta. Recomendables para espesores mayores y donde la soldadura sólo puede realizarse desde un lado. Capaz de soportar cargas en que el impacto o la fatiga no sean muy severos. La disposición de los bordes, de forma que las esquinas interiores quedan protegidas, disminuye el peligro de formación de ángulos en la raíz de la junta..

- Uniones en esquina. Abiertas. Esta disposición de las piezas permite la soldadura desde ambos lados, por lo que se pueden conseguir juntas muy resistentes, capaces de soportar grandes cargas. Es aplicable a cualquier espesor. Debido a la buena distribución de tensiones, es recomendable para soportar esfuerzos de fatiga o cargas de impacto.

Unión sobre cantos. Aplicable para espesores finos (unos (unos 6 mm. o menos) y. con muy pequeña capacidad resistente.

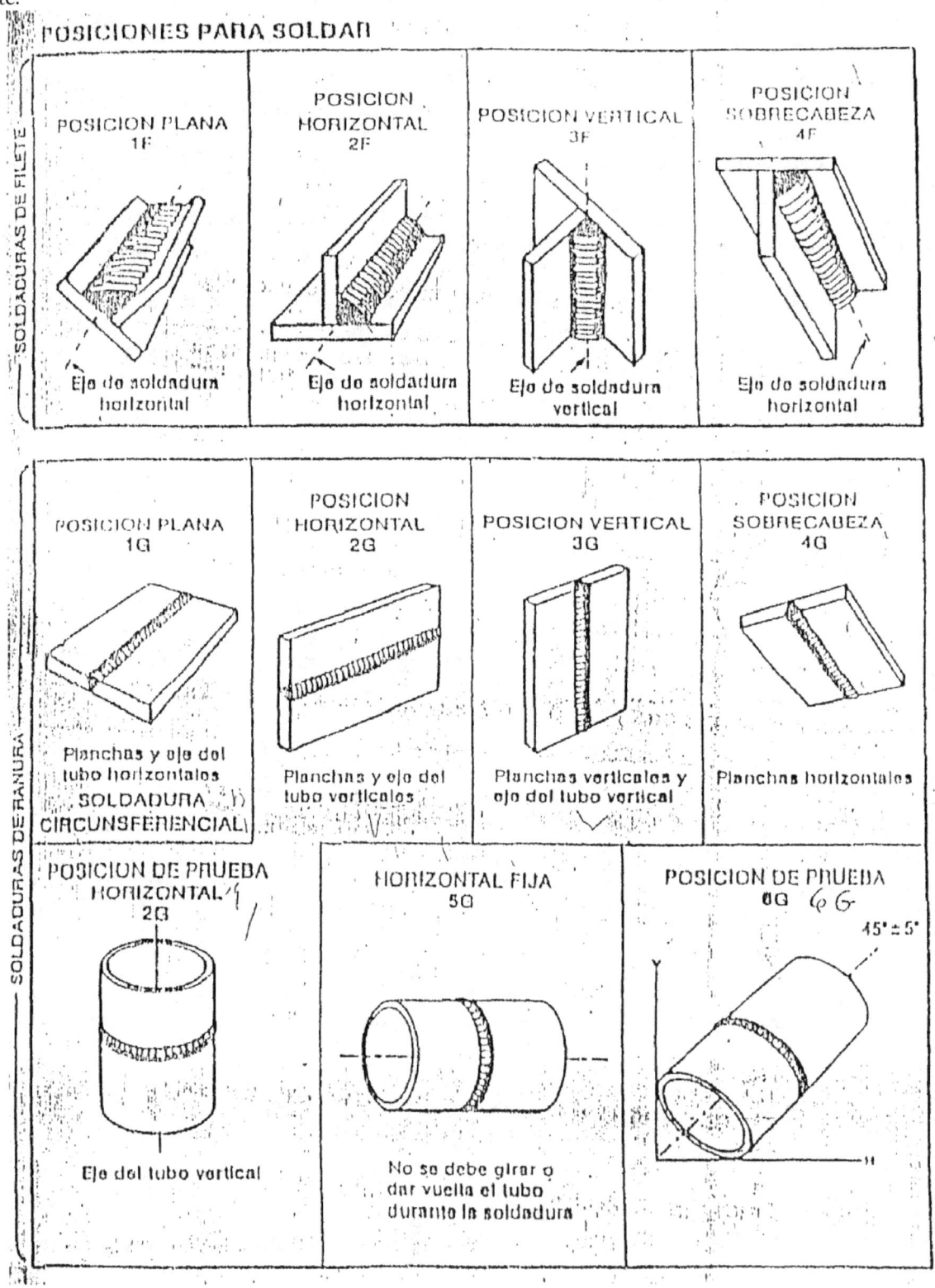

Fig. UNIONES A SOLAPE.

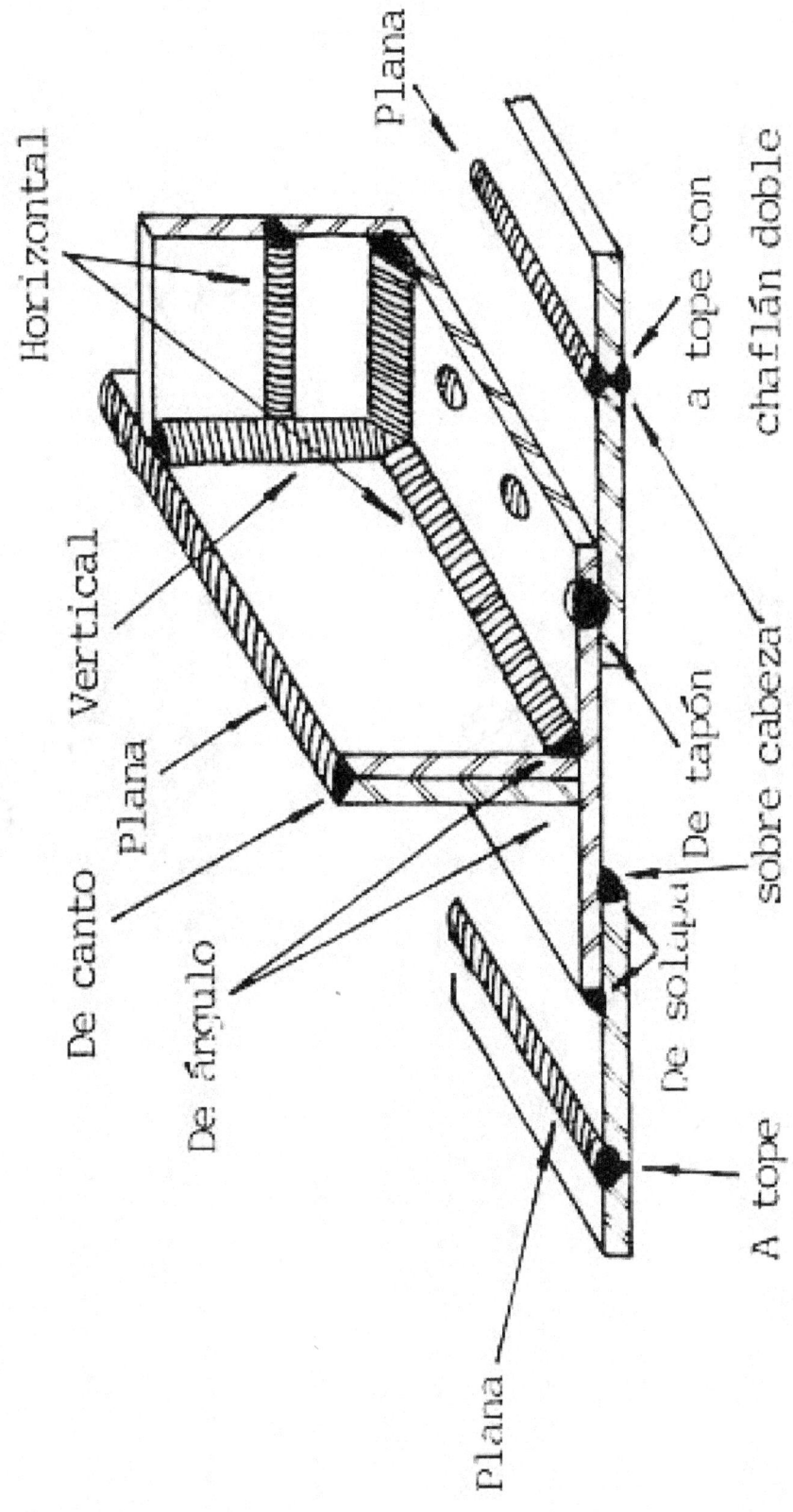

FIG TIPOS DE SOLDADURA

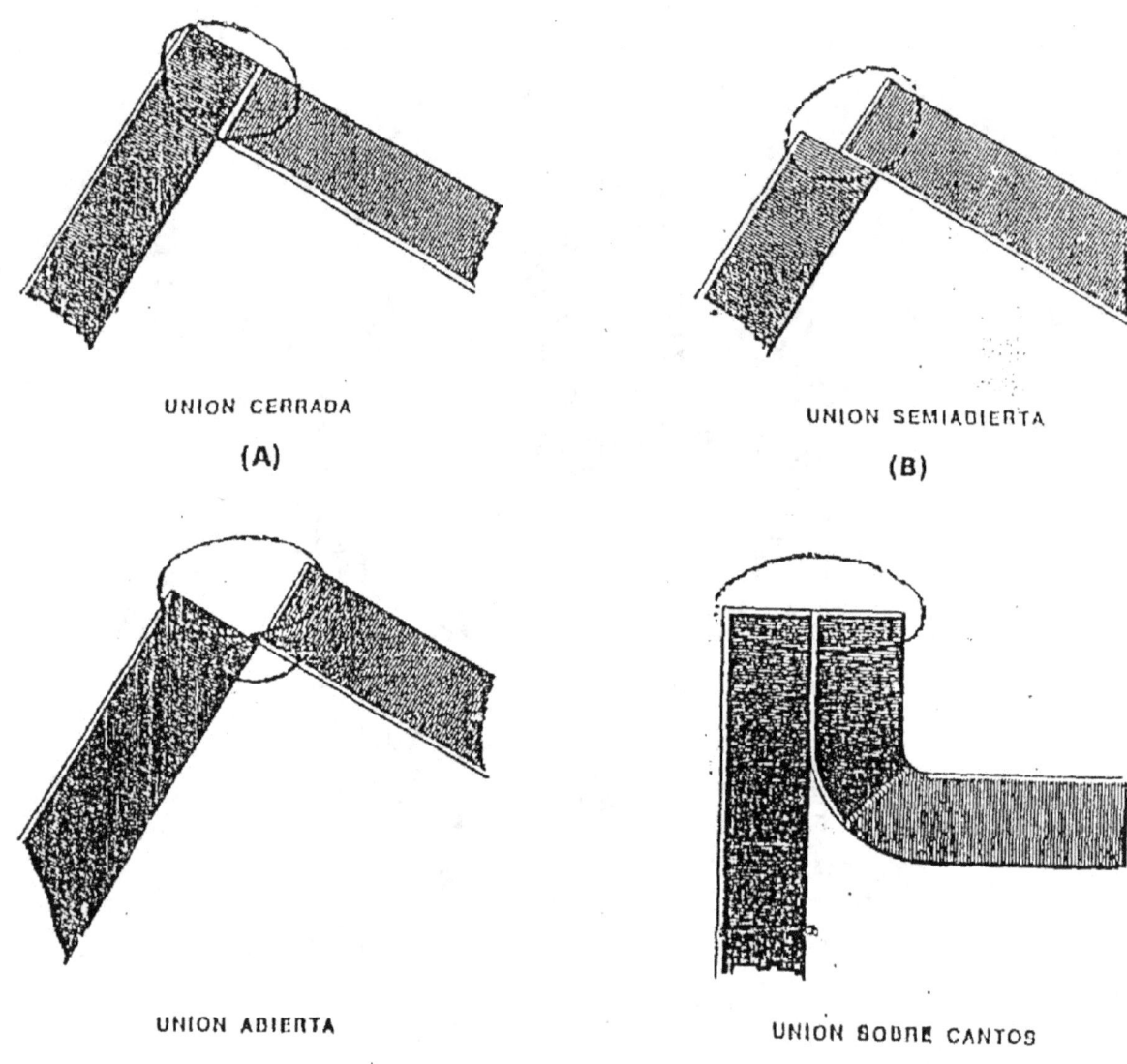

FIG. UNIONES A ESQUINAS.

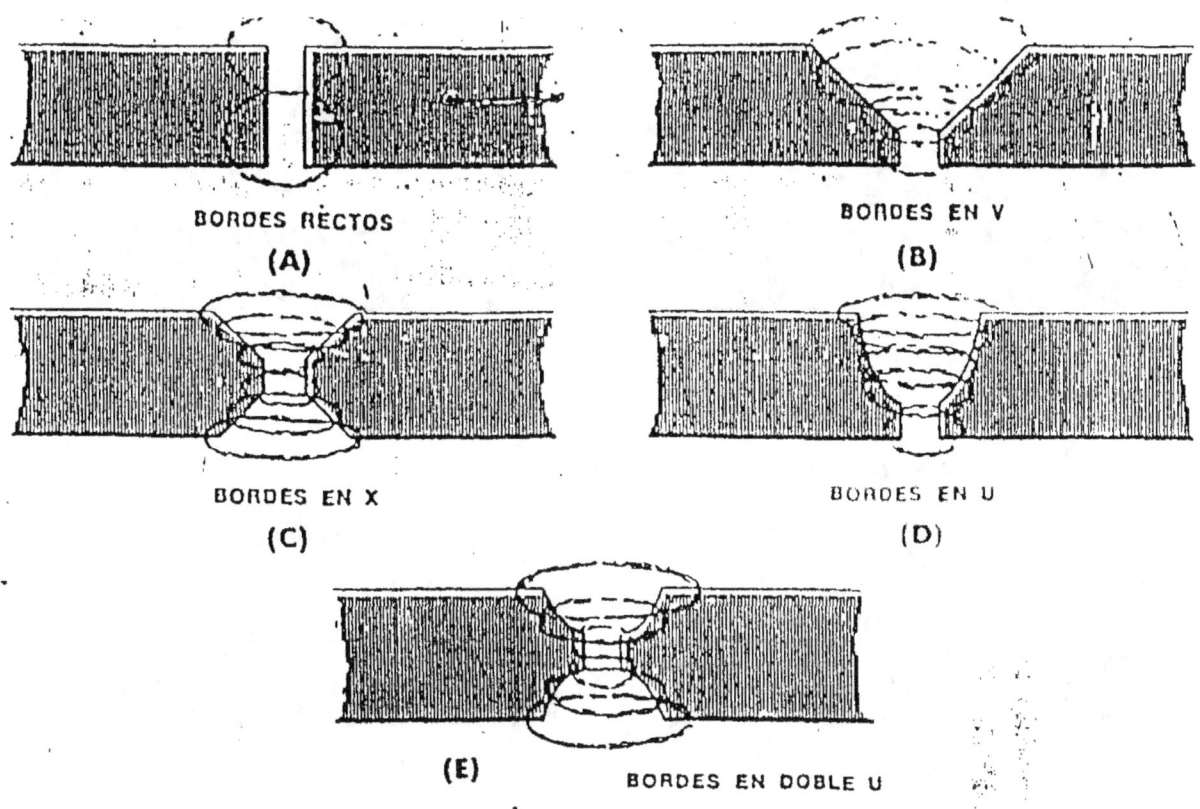

FIG. TIPOS DE PREPARACIONES PARA UNIONES A TOPE.

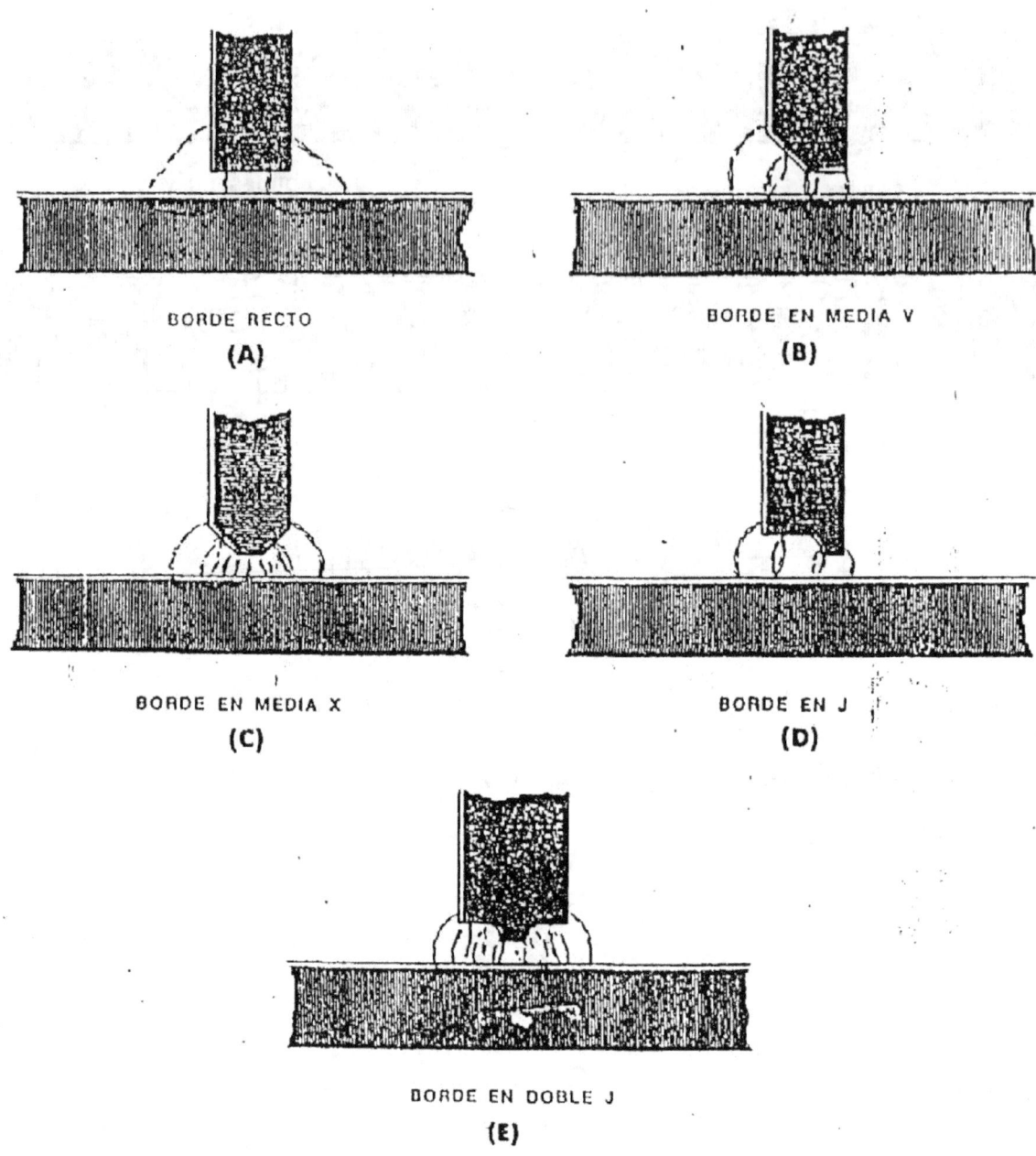

FIG. TIPOS DE PREPARACIONES PARA UNIONES EN T.

3 SOLDADURA MANUAL AL ARCO CON ELECTRODOS REVESTIDOS (SMAW)

La soldadura manual al arco con electrodos revestidos es un proceso que consiste en establecer un arco eléctrico entre el extremo del electrodo y la pieza a ser soldada. El proceso permite el empleo de corriente alterna y/o continua, habiendo electrodos que pueden ser empleados en ambas.

La velocidad de fusión de los electrodos está controlada principalmente por la corriente de soldadura, la longitud del arco y el voltaje. El ángulo de ataque del electrodo no tiene un efecto significativo sobre la velocidad de fusión.

Los electrodos convencionales usados en los rangos de corriente recomendados por los fabricantes transfieren el metal a través de glóbulos o también por cortocircuito. La dirección de transferencia es asistida por la forma de copa que adopta el revestimiento en la punta del electrodo.

El sistema de soldadura es aplicable a casi todos los materiales metálicos que maneja la industria moderna; con ellos se puede soldar desde aceros sin aleación hasta aceros alternantes aleados corno los inoxidables también materiales no ferrosos tales como aleaciones de níquel, de cobre, etc.

Ahora bien, la tendencia al realizar la soldadura, es que el depósito tenga una composición química similar al metal base sin descartar los casos donde esto no ocurre necesariamente, ejemplo: soldadura al hierro fundido, revestimientos duros, etc. y que se verán más adelante.

Por lo tanto los electrodos revestidos se pueden agrupar, de acuerdo con su aplicación de la manera siguiente:

1. Para aceros de bajo carbono.
2. Para aceros de baja aleación.
3. Para aceros de alta aleación.
4. Para hierro fundido.
5. Para recargues duros.
6. Para materiales no ferrosos.

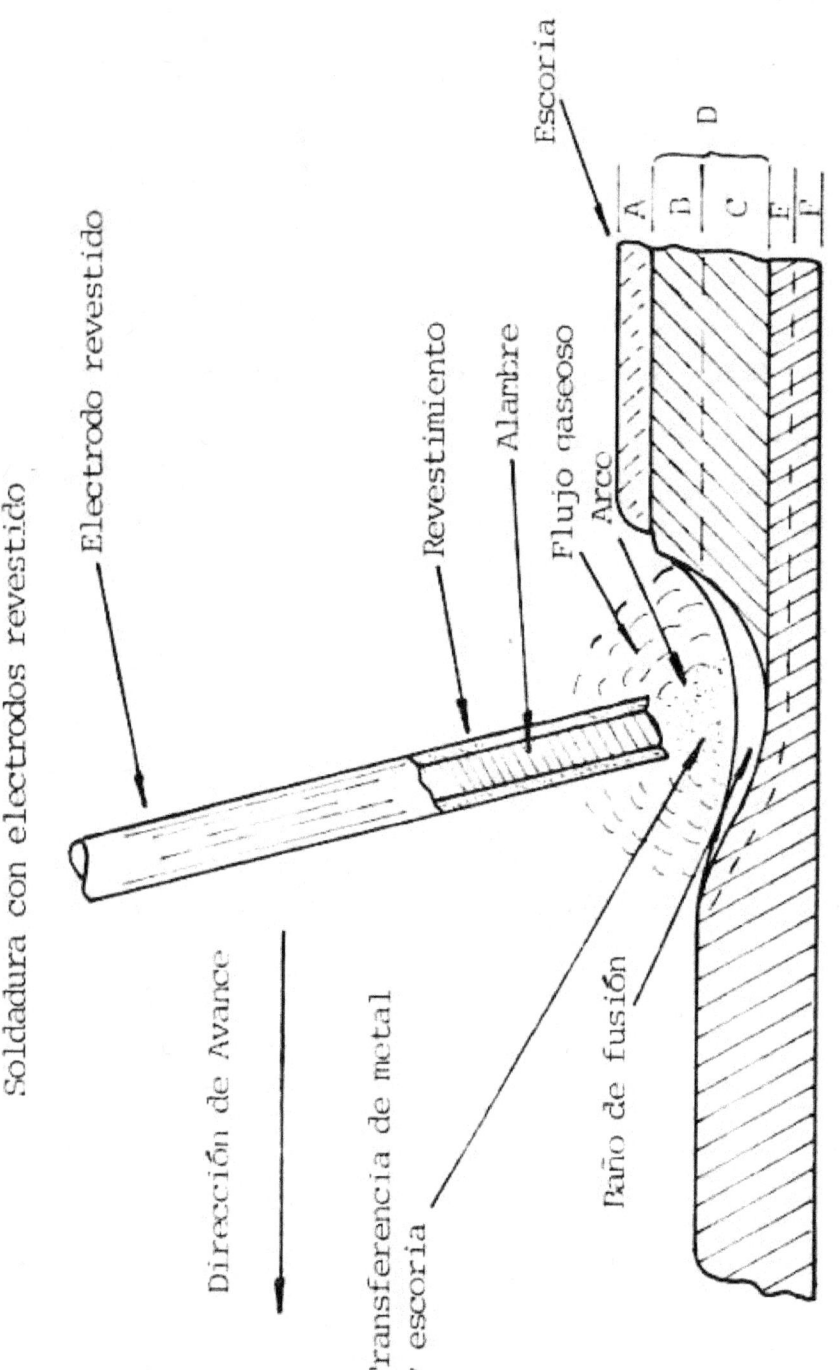

FIG. SOLDADURA AL ARCO CON ELECTRODOS REVESTIDOS

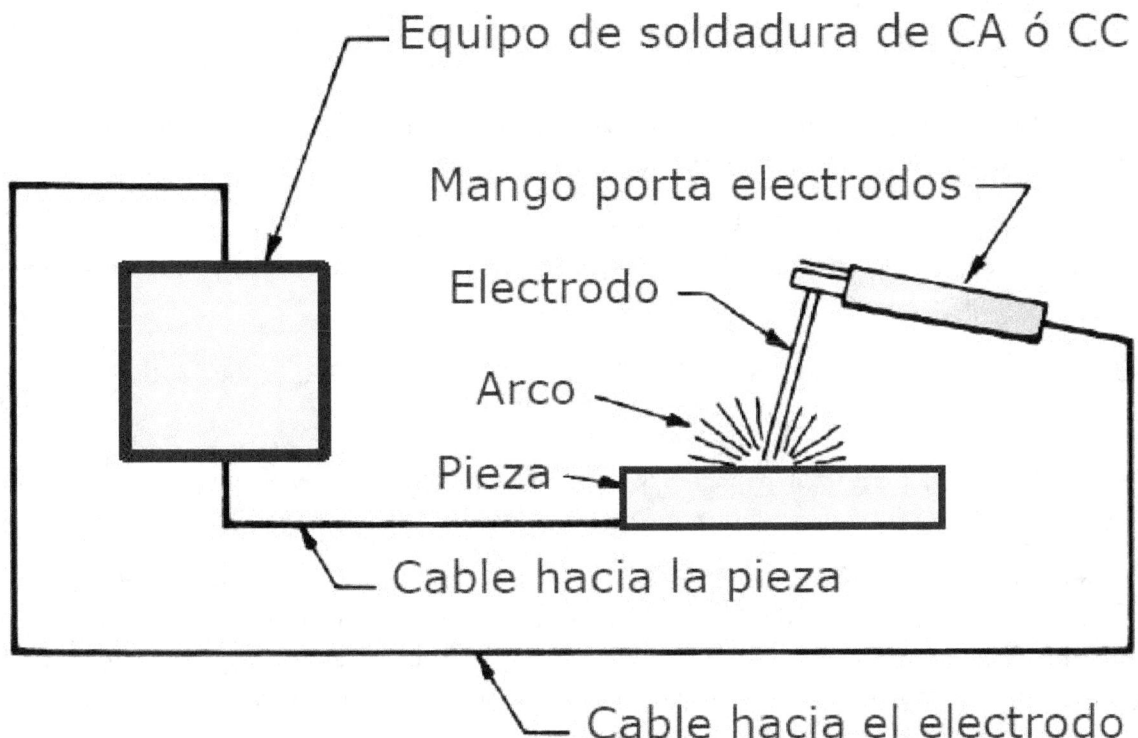

FIG. SOLDADURA AL ARCO CON ELECTRODOS REVESTIDOS

EL ELECTRODO REVESTIDO

Un electrodo revestido, como su nombre lo indica, es una varilla metálica o alambre forrado de un material compuesto de diversos productos químicos, minerales, ferroaleaciones, óxidos metálicos; que sirven como elemento del circuito eléctrico por formar el arco entre su extremo y el metal base o pieza que se soldará, genera su atmósfera de protección a partir de la combustión de ciertos componentes del revestimiento y el metal del núcleo se transfiere a través del arco al cordón.

En este tipo de soldadura es conveniente destacar las funciones que desempeñan los revestimientos, ya que de ellos depende fundamente la calidad de los depósitos Los revestimientos actúan de la siguiente forma:

    a. Estabilizan el arco eléctrico.
    b. Forman una pantalla gaseosa que protege los metales fundidos.
    c. Sirven como medio para efectuar depósitos metálicos.
    d. Permiten la ejecución de soldaduras en posición.
    e. Forman una escoria que purifica el metal.

ESTABILIZACIÓN DEL ARCO ELÉCTRICO

Los revestimientos contienen ciertos componentes que ayudan a estabilizar el arco, con el fin de asegurar la continuidad del proceso sin interrupciones Estos son principalmente sales de sodio y potasio, que se disocian en el arco formando de la electricidad, volviendo conductor el espacio que existe entre los polos. Cuando un electrodo condene sales de sodio, es apto para ser usado con corriente continua, es decir que se puede efectuar 'la soldadura con un rectificador, generador o convertidor.

Cuando contiene sales de potasio es apto para corriente alterna y continúa, o sea, se puede usar con cualquier fuente de corriente para soldadura: transformadores rectificadores. etc.

La diferencia se debe a que el potasio se ioniza más fácilmente que el sodio, por ello puede estabilizar un arco más difícil de mantener, con el de corriente alterna. Nótese que no debe usarse un electrodo para corriente continua en alterna, el resultado será un arco sumamente inestable.

FORMACIÓN DE UNA PANTALLA GASEOSA QUE PROTEGE LOS METALES FUNDIDOS

Los revestimientos contienen ciertos componentes que se queman en el arco, generando gases, que protegen los metales fundidos, tanto el que se transfiere en el arco como el del baño, de la influencia del aire.

El aire está compuesto fundamentalmente por oxígeno y nitrógeno, por lo cual los metales fundidos expuestos en él se oxidarán rápidamente, dando como resultado soldadura de escasa cohesión y pobres propiedades mecánicas, además si los óxidos quedan atrapados dentro del cordón las propiedades mecánicas de éste sufrirán un deterioró todavía mayor. El tipo de compuesto químico que se usa para generar la atmósfera protectora, subdivide a los electrodos en dos grandes grupos, dependiendo de si es orgánico o inorgánico, de la siguiente forma:

Compuestos orgánicos:

- Electrodos rutílicos.
- Electrodos celulósicos

Compuestos inorgánicos:

- Electrodos de hidrógeno básicos

El hidrogeno presente afecta la ductilidad de los aceros, tornándolo más frágil. Este fenómeno se puede evitar usando revestimientos inorgánicos los cuales no generan hidrógeno y cono deben usarse secos, no tienen humedad, por lo tanto los depósitos que producen serán más dúctiles y menos propensos a agrietarse.

Los electrodos cuyo revestimiento es inorgánico, generan su atmósfera a partir de carbonato de calcio, el cual al calcinarse con las temperaturas del arco, producen CO y CO_2.

MEDIO PARA EFECTUAR DEPÓSITOS METÁLICOS.

Aparte del metal del núcleo o varilla del electrodo, éste también contiene metales pulverizados en su revestimiento, con el fin de cambiar la composición del depósito.

Muchos metales se pueden transferir desde el revestimiento, modificando la composición química del cordón y así, mejorar la resistencia mecánica, la dureza, la ductilidad, las propiedades anticorrosivas, etc. O bien para incrementar la cantidad de metal que deposita por unidad de tiempo, convirtiéndolo en un electrodo de alto rendimiento.

PERMITEN LA EJECUCIÓN DE SOLDADURAS EN POSICIÓN.

El revestimiento al formar una escoria encima del metal fundido, ayuda a que éste último permanezca en sitio, que lo gotee o caiga por efecto de la gravedad, ya que la escoria tiene cierta viscosidad y tensión superficial. Al ejecutar soldaduras en posición vertical o sobre cabeza, la escoria no puede quedar incluida en el cordón, tiene que estar encima del metal fundido protegiéndolo hasta que solidifique y manteniéndolo para lograr la cohesión perfecta de las partes a unir.

La escoria, cuando está fundida, influencia la forma del cordón, en cuanto a su concavidad o convexidad. Esto es importante ya que determina la mayor facilidad en la remoción de escoria en los cordones de raíz, evitando inclusiones en los bordes y como consecuencia soldaduras defectuosas.

FORMACIÓN DE LA ESCORIA QUE PURIFICA EL METAL.

Estando el metal y la escoria fundidos, ésta ejerce una función purificadora eliminando elementos indeseables, tales como el azufre y fósforo, que de permanecer en el cordón por encima del máximo tolerado, lo afectaran negativamente, ya sea desmejorando sus propiedades o provocando grietas en las juntas soldadas.

La escoria también protege la solidificación, evita enfriamientos bruscos que pudieran afectar las propiedades mecánicas y evita que el cordón se oxide cuando aún está caliente.

DIFERENTES TIPOS DE ELECTRODOS

Los electrodos revestidos se diferencian por el tipo de núcleo o por el tipo de revestimiento que poseer, pero tratándose de electrodos con un mismo tipo de núcleo, la única diferencia se deberá al revestimiento, este determinará fundamentalmente las características de operación de cada uno, por lo tanto es conveniente explicar esas diferencias.

ELECTRODOS CELULÓSICOS.

Se caracterizan por contener, celulosa en mayor proporción, la cual es un compuesto orgásmico que genera comparativamente gran cantidad de gases y la escoria es relativamente escasa. Cierta cantidad de hidrógeno se produce, por lo cual estos electrodos no son aplicables en algunas áreas que necesitan presentar una ductilidad elevada. Contienen rutilo o dióxido de titanio el cual actúa estabilizando el arco y luego va a la formación de escoria

Como aglutinantes y estabilizadores del arco se utilizan silicatos de sodio y potasio. Con el primero trabajan en corriente continua (AWS E 6010) y con el segundo en corriente alterna y continua (AWS E 6011). Estos electrodos se aplican donde es necesaria cierta penetración, en cordones de raíz por ejemplo y en la soldadura vertical descendente.

ELECTRODOS RUTÍLICOS

Contienen rutilo en la mayor proporción y celulosa como formador de su atmósfera de protección. Producen una escoria bastante gruesa y su fluidez se controla con minerales silíceos. Los aglutinantes son silicatos de sodio y potasio. Ejemplo (AWS E 6013, AWS E 7024). Se usan fundamentalmente en trabajos de carpintería metálica Algunos tipos contienen gran cantidad de polvo de hierro, lo cual determina una mayor eficiencia en la deposición, haciendo más económicos los procesos, también esto ha permitido desarrollar el sistema de soldadura por gravedad.

ELECTRODOS DE BAJO HIDROGENO

Estos electrodos se aplican en aceros al carbono y aceros de baja aleación, ya que al estar exento de hidrógeno su depósito les proporciona una alta ductilidad. Están compuestos por carbonato de calcio principalmente, éste se calcina y genere la atmósfera de protección y una escaria bastante gruesa. Se han desarrollado para trabajar con corriente continua (AWS E7015), con corriente alterna y continua (AWS E7016).

También se ha incorporado al revestimiento altas cantidades de polvo de hierro, pera incrementar la eficiencia de la deposición (AWS E 7013), este material también proporciona estabilidad al arco y hace conductor al revestimiento.

CLASIFICACIÓN A.W.S. DE LOS ELECTRODOS.

En principio todos los electrodos vienen marcados con el nombre comercial que les asigna el fabricante. Estos nombres comerciales no están sujetos a normas aceptables en forma universal por tanto resulta difícil establecer comparaciones entre las diferentes marcas de electrodos.

Con el fin de lograr cierto grado de uniformidad en la fabricación de electrodos, La American Welding Society (A.W.S.).y la American Society for Testing of Materials (A.S.T.M.) han establecido una serie de requerimientos, con la finalidad de que los electrodos de los distintos fabricantes, que se ajusten a clasificaciones normalizadas por la A.W.S. y la A.S.T.M., reúnan características mecánicas y químicas similares del depósito de soldadura.

ELECTRODOS REVESTIDOS PARA LA SOLDADURA MANUAL AL ARCO DE LOS ACEROS AL CARBONO.

Las normas de la American Welding Society son las más usadas en Venezuela. Sin embargo, La Comisión Venezolana de Normas Industriales (COVENIN) ha elaborado las normas correspondientes a éstos electrodos, con la colaboración de AGA VENEZOLANA C.A. y otras empresas. Los electrodos para acero al carbono se clasifican según la A.W.S. de la siguiente forma:

Una letra E seguida de cuatro o cinco dígitos; en cada caso los dos primeros o los tres primeros dígitos, indican la resistencia a la tracción del material depositado en miles de libras por pulgada cuadrada.

En el esquema de la página siguiente se muestra en detalle el significado completo de la nomenclatura A.W.S. para los electrodos antes mencionados; correspondientes a la clasificación de cuatro dígitos.

ELECTRODOS REVESTIDOS PARA LA SOLDADURA DE LOS ACEROS DE BAJA ALEACIÓN.

Se entiende por aceros de baja aleación, aquellas aleaciones hierro — carbono + otros aleantes cuya sumatoria en el contenido de elementos aleantes no sobrepasa el 2.5% sin incluir al carbono.

La nomenclatura A.W.S. de los electrodos para soldadura de los aceros de baja aleación es similar a la de los electrodos para acero al carbono. En este caso aparecen dos índices más que expresan; el primero el elemento de aleación principal así:

CLASIFICACIÓN A.W.S. ELECTRODOS DE ACERO AL CARBONO

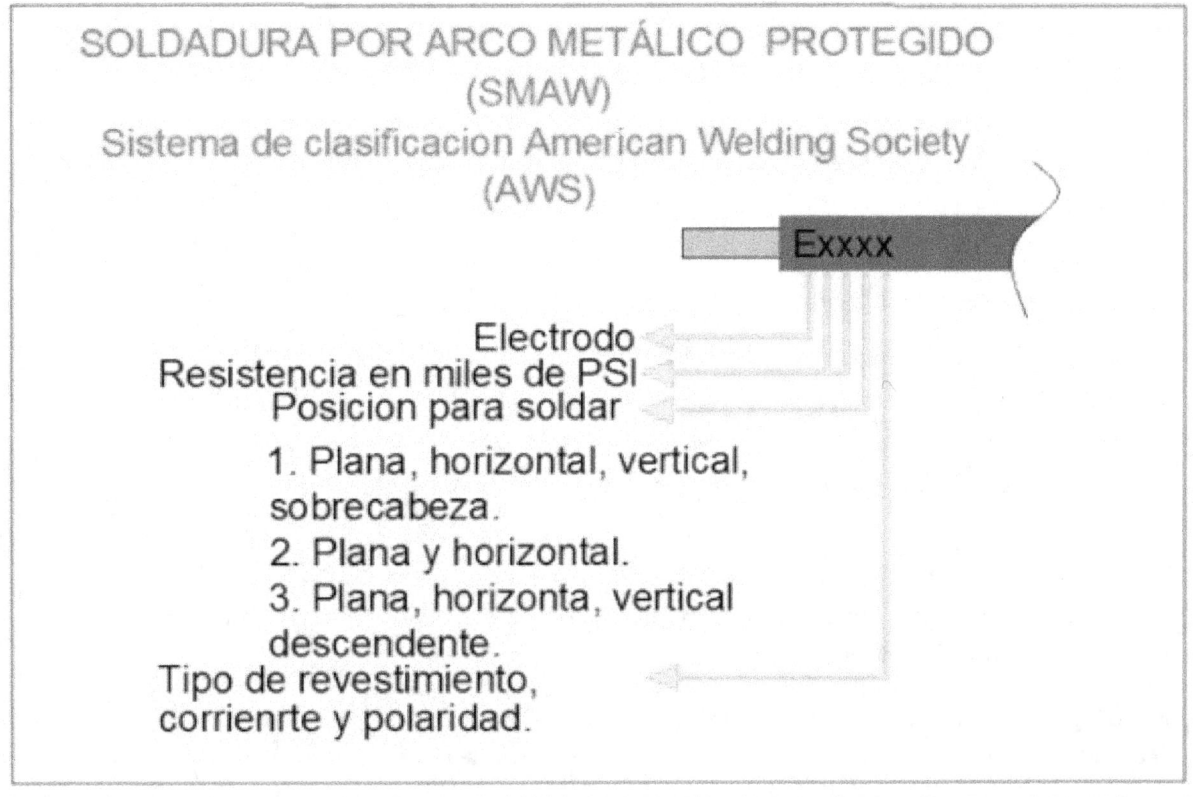

ULTIMO DIGITO	CORRIENTE Y POLARIDAD		ESCORIA	ARCO	PENETRACION
0	-	CC+	Orgánica	Enérgetico	Mucha
1	CA	CC+	Orgánica	Enérgetico	Mucha
2	CA	CC-	Rutílica	Medio	Mediana
3	CA	CC-	Rutílica	Suave	Poca
4	CA	CC-	Rutílica	Suave	Poca
5	-	CC+	Básica	Medio	Mediana
6	CA	CC+	Básica	Medio	Mediana
7	CA	CC	Mineral	Suave	Mediana
8	CA	CC+	Básica	Medio	Mediana

FIG SIGNIFICADO DEL ÚÚLTIMO DIGITO DE LA CLASIFICACIÓN AWS PARA ELECTRODOS DE ACERO AL CARBONO

A: Molibdeno

B: Cromo—molibdeno

C: Níquel

D: Manganeso—molibdeno

M: Especificaciones militares

D: Sin especificaciones químicas.

En conjunto los dos índices expresan la composición química del metal depositado. Cuando aparece la letra L indica bajo carbono. Ver esquema de la página.

La mayoría de ellos son del tipo bajo hidrógeno, lo cual es determinante para la obtención de las propiedades mecánicas exigidas, así corno también la correcta conservación y aplicación.

La norma limita el contenido de humedad de los electrodos dentro del paquete sellado a un rango de 0,2 a 0,6 por ciento en peso, dependiendo de la clasificación, o sea que a mayores niveles de resistencia menor contenido de humedad permitido. Los aceros de baja aleación son muy susceptibles al fenómeno de fragilidad por hidrógeno, por ésta razón cuando se trata de ejecutar soldaduras en estos materiales, se deben observar estrictamente las normas de aplicación; en caso contrario las uniones quedarán muy frágiles, expuestas a romperse o agrietarse.

La exposición de estos electrodos al ambiente provoca que se incremente la humedad en pocas horas.

LOS ELECTRODOS DEBEN USARSE DENTRO DE LOS SIGUIENTES PERIODOS DE EXPOSICIÓN:

E7016   4 horas máximo

E8018   2 horas máximo

E9018   1 hora máximo

E11018   30 minutos máximo

Para periodos mayores hay que hornearlos. Los electrodos que han sido expuestos a la humedad hay que secarlos antes de introducirlos en los hornos de almacenamiento. Los electrodos que se han mojado o se han ensuciado con grasa u otras sustancias hay que destruirlos.

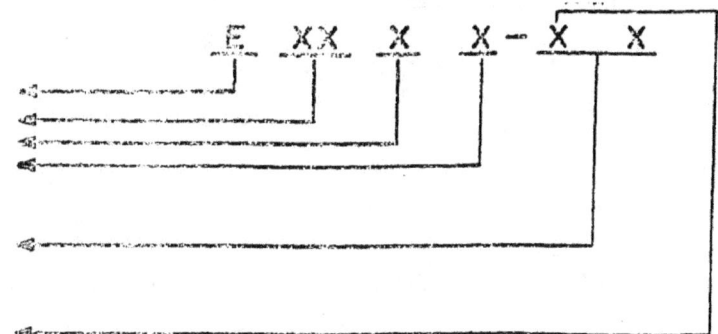

ELEMENTO PRINCIPAL DE ALEACION:
- A : MOLIBDENO
- B : CROMO MOLIBDENO
- C : NIQUEL
- D : MANGANESO MOLIBDENO
- M : ESPECIF. MILITARES
- G : SIN ESPECIF. QUIMICAS

FIG CLASIFICACIÓN DE LOS ELECTRODOS PARA ACERO INOXIDABLE

GRADO	304	304L	316	316L	317	317L
Designación UNS	S30400	S30403	S31600	S31603	S31700	S31703
CARBONO (C) max.	0.08	0.035*	0.08	0.035*	0.08	0.035*
MANGANESO (Mn) max.	2.00	2.00	2.00	2.00	2.00	2.00
FOSFORO (P) max.	0.04	0.04	0.04	0.04	0.04	0.04
AZUFRE (S) max.	0.03	0.03	0.03	0.03	0.03	0.03
SILICIO (Si) max.	0.75	0.75	0.75	0.75	0.75	0.75
CROMO (Cr) max.	18.0 a 20.0	18.0 a 20.0	16.0 a 18.0	16.0 a 18.0	18.0 a 20.0	18.0 a 20.0
NIQUEL (Ni)	8.0 a 11.0	8.0 a 13.0	10.0 a 14.0	10.0 a 15.0	11.0 a 14.0	11.0 a 15.0
MOLIBDENO (Mo)	----	----	2.0 a 3.0	2.0 a 3.0	3.0 a 4.0	3.0 a 4.0
OTROS ELEMENTOS	----	----	----	----	----	----

GRADO	321	400	825	625	C-276	DUPLEX 2205
Designación UNS	S32100	N04400	N08825	N06625	N10276	S31803
CARBONO (C) max.	0.08	0.30	0.05	0.10	0.02	0.03
MANGANESO (Mn) max.	2.00	2.00	1.00	0.50	1.00	2.00
FOSFORO (P) max.	0.04	----	----	0.015	0.04	0.03
AZUFRE (S) max.	0.03	0.024	0.03	0.015	0.03	0.02
SILICIO (Si) max.	0.75	0.50	0.50	0.50	0.08	1.00
CROMO (Cr) max.	17.0 a 20.0	----	19.5 a 23.5	20.0 a 23.0	14.5 a 16.5	21.0 a 23.0
NIQUEL (Ni)	9.0 a 13.0	63.0 a 70.0	38.0 a 46.0	Balance	Balance	4.5 a 6.5
MOLIBDENO (Mo)	----	----	2.5 a 3.5	8.0 a 10.0	15.0 a 17.0	2.5 a 3.5
OTROS ELEMENTOS	Ti = 5xC min. y 0.70 max.	Cu=Bal. Fe = 2.50 max.	Fe=Bal. Cu = 1.5 a 3.0 Al = 0.2 max. Ti = 0.6 a 1.2	Fe = 5.0 max. Al = 0.40 max. Ti = 0.40 max. Cb+Ta = 3.15 a 4.15 Co = 1.0 max.	Co = 2.50 max. W = 3.00 a 4.50 Fe = 4.00 a 7.00 V = 0.35 max.	N = 0.08 a 0.20

ELECTRODOS REVESTIDOS PARA LA SOLDADURA DE LOS ACEROS INOXIDABLES.

Estos electrodos están clasificados en función de la composición química del depósito, hecha de tal forma que no experimente dilución con el metal base, de la posición de soldadura y del tipo de corriente con la cual son aplicables. Las primeras tres cifras indican la composición química y los últimos dígitos de la nomenclatura indican lo siguiente:

1: Indica que es aplicable en todas las posiciones hasta 4 mm de diámetro. (Los otros diámetros son para posición plana y horizontal).

5: Indica que debe usarse con corriente continua polaridad invertida.

6: Indica que puede usarse con ambas corrientes y polaridad invertida en el caso de la continua.

La norma no indica la composición del revestimiento, pero por lo general el grupo —15 tiene una cantidad considerable de carbonato de calcio y silicato de sodio como aglutinante. El grupo —16 también usa el carbonato de calcio para generar la atmósfera protectora, tiene dióxido de titanio para la estabilidad de arco — silicato de potasio como aglutinante.

Por lo cual, con estos electrodos hay que tomar todas las precauciones inherentes al uso de los electrodos de bajo hidrógeno. Las diferencias en la composición se traducen diferencias en las características de operación; los electrodos —15 proporcionan más penetración, un cordón más convexo y una escoria de mayor velocidad de solidificación, lo cual los hace adecuados para la ejecución de soldaduras en posición (vertical, sobre cabeza); los electrodos —16 producen un depósito más uniforme, con menos salpicaduras y una escoria más fluida, lo cual dificulta su aplicación en posición.   Los aceros inoxidables pueden dividirse en tres tipos: asténicos, ferriticos y martensíticos.

La mayoría de los depósitos o cordones provenientes de electrodos con carácter inoxidable austenítico, tienen una composición similar al acero para el cual se designan, pero balanceada de modo que permite evitar el agrietamiento en caliente, ese balance se logra con contenidos de ferrita del orden de 3 al 5% aunque este porcentaje puede llegar hasta el 20%; estos contenidos de ferrita se pueden controlar usando el diagrama el Schaffler. En algunos aceros en donde el contenido de níquel es muy alto, se controla el agrietamiento en caliente limitando las impurezas y elevando el contenido de carbono.

CLASIFICACIÓN A.W.S. ELECTRODOS ACERO INOXIDABLE

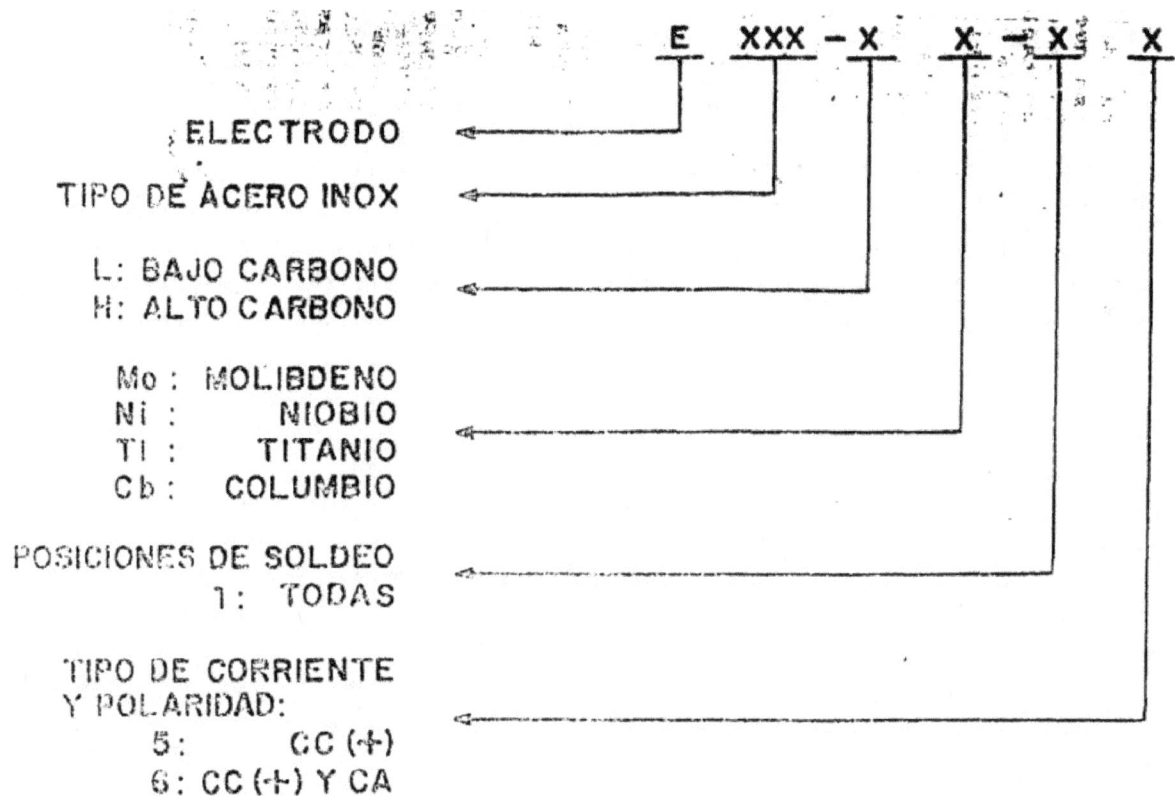

EJ. E309 LMo-16

Con respecto a los otros aceros inoxidables existen clasificaciones de electrodos para los que contienen 11,0 a 13,5% de cromo; de 15,0 a 18 % de cromo y de 4,0 a 10% de cromo—molibdeno Para todos estos casos el cordón es de temple al aire y la soldadura necesita precalentamiento para que tenga la ductilidad necesaria acorde con las diversas aplicaciones.

ELECTRODOS REVESTIDOS PARA LA SOLDADURA DEL HIERRO FUNDIDO

La fundición gris se puede soldar con electrodos especiales, precalentándola entre 150° C a 750° C dependiendo de la complejidad de la pieza y de la maquinabilidad. (Pequeños defectos se pueden soldar sin precalentamiento) pero no resultaran maquinables.

En general cuando se sueldan las fundiciones, hay que usar el menor amperaje posible y con corriente continua polaridad invertida, para minimizar la dilución con el metal base. Los electrodos de níquel y aleaciones de éste, son los más usados para soldar los verlos tipos de fundiciones y para soldar a otros materiales. También se usen, en menor grado electrodos de bronce fosforado y bronce al aluminio estos se aplican sin fundir la superficie a soldar.

ELECTRODOS REVESTIDOS PARA LA SOLDADURA DE RECARGUE DE SUPERFICIE.

Los recargues o revestimientos de superficie con electrodos revestidos se hacen con el fin de mejorar las propiedades de una determinada superficie metálica, impartiéndole resistencia a la abrasión, a los impactos, a los medios corrosivos; o bien para la reconstrucción de superficies y para el control metalúrgico en caso de uniones en metales diferentes, cuando es necesario poner otro metal de transición. La selección del electrodo apropiado, así como del método de soldadura, implica una cuidadosa revisión de las condiciones del trabajo que efectuara la pieza.

4 SISTEMA DE SOLDADURA CON ATMOSFERAS PROTEGIDAS POR GAS

PROCESO (GMAW), se conoce como soldadura MIG/MAG a la soldadura por arco en la que se usa un electrodo consumible (alambre) de diámetro pequeño, bajo protección de una atmósfera gaseosa. La atmósfera protectora puede estar constituida por: gas inerte en cuyo cabo al proceso se le denomina MIG (METAL INERT GAS), por un gas activo o mezclas de gases activos con inertes, en este caso el proceso se conoce coma MAG. (METAL -ACTIVE GAS).

La designación formal de la American Welding Society para el proceso es GMAW (GAS METAL ARC WELDING), también se conoce con el nombre de Microwire.

En el proceso de soldadura MIG/MAG la transferencia del metal de aporte se realiza a través del arco eléctrico al baño, desde un alambre alimentado en forma continua, en una atmósfera protectora que cubre al arco eléctrico y el metal fundido a fin de evitar contacto de éste con el aire.

En la figura 1 se esquematiza el proceso.

Para éste proceso de soldadura, son necesarios los siguientes elementos:

a) Fuente de energía eléctrica de corriente continua a tensión constante.
b) Alimentador de alambre continúo.
c) Antorche o pistola con manguera flexible.
d) Cilindro de gas, con reductor de presión, precalentador y medidor de flujo.

FUENTES DE ENERGÍA ELÉCTRICA

Pare la soldadura MIG/MAG se necesitan fuentes especiales, llamadas "Fuentes rectificadoras de potencial constante'; con éste proceso se pueden soldar los mismos materiales, pero con alambres de pequeño diámetro y con más altas corrientes. Ello significa mayor densidad de corriente (a/mm^2).

Las fuentes rectificadoras de potencial constante suministran le intensidad adecuada a la velocidad de alimentación que se establezca. Si velocidad de alimentación aumenta o disminuye, la intensidad varía en el mismo sentido, de la forme que la longitud de arco se mantenga constante. En cuanto a la regulación de equipo el operador realiza los siguientes ajustes:

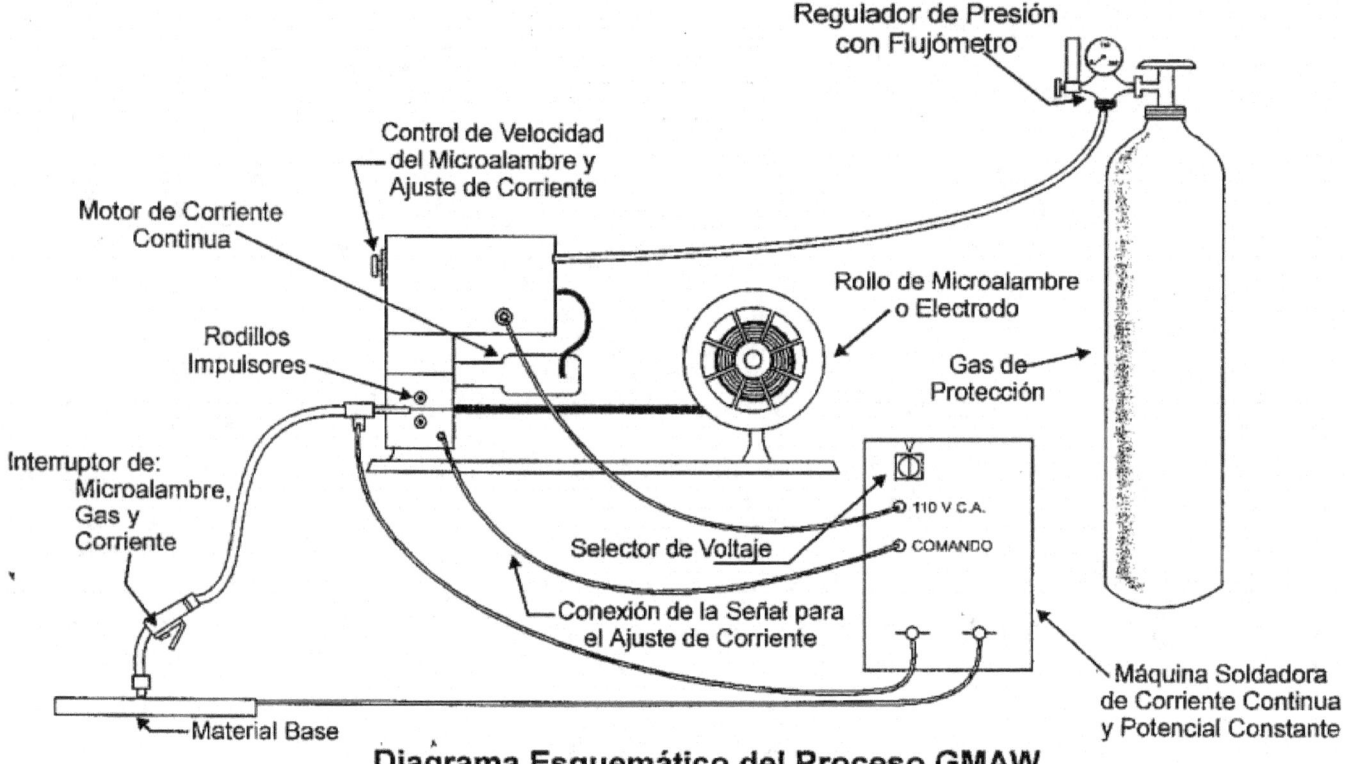

Diagrama Esquemático del Proceso GMAW

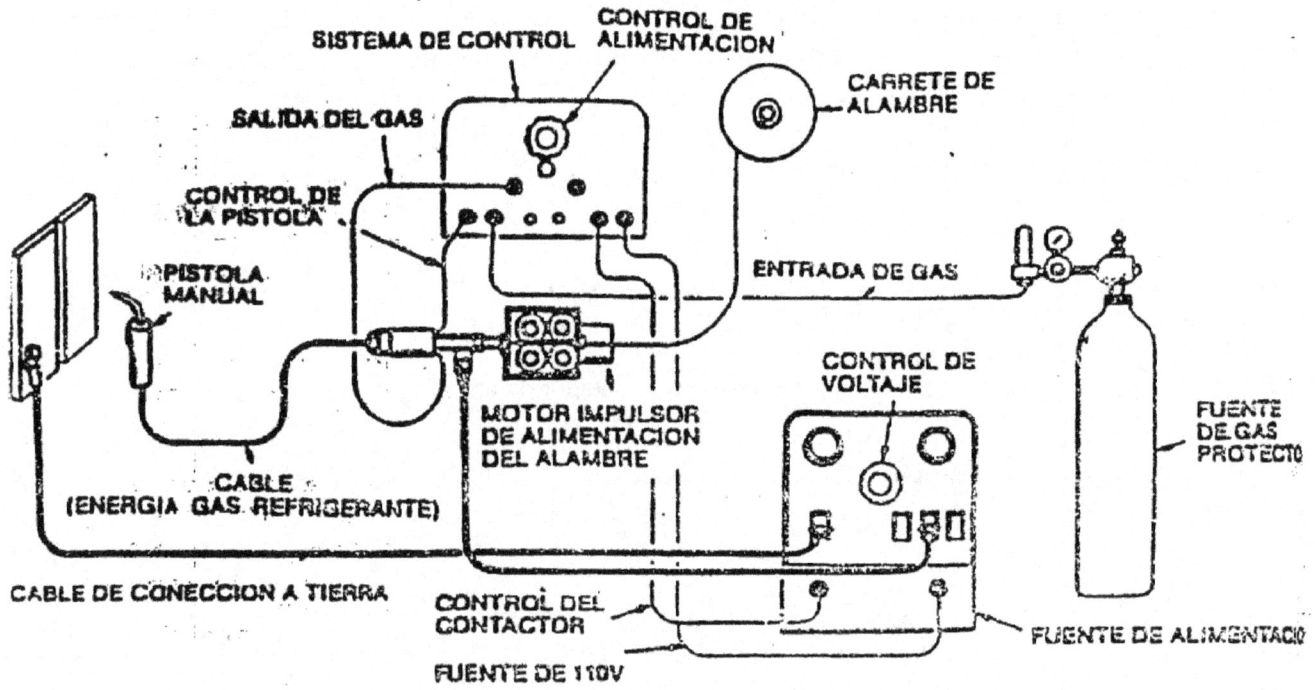

DIAGRAMA ESQUEMÁTICO DEL EQUIPO MIG

— SELECCIÓN DE LA TENSIÓN DESEADA ACTUANDO SOBRE LA FUENTE DE ENERGÍA.

PROCESO MIG/MAG

FUNCIONAMIENTO DE LOS RECTIFICADORES DE POTENCIAL CONSTANTE

En la soldadura MIG/MAG las fuentes de potencial constante, poseen una característica casi horizontal o de muy poca pendiente. El alambre—electrodo se enciende al chocar contra el metal a soldar y a causa de la alta corriente de cortocircuito se funde instantáneamente. Debido a la velocidad constante del alambre alimentado, se formará el arco eléctrico, estableciéndose un equilibrio entre; el alambre alimentado al arco y el que se funde..

El soldador selecciona la longitud de arco correcta al regular la tensión y la corriente al lijar la velocidad de alimentación del alambre—electrodo; el régimen de- soldadura se mantiene bajo autorregulación. Por ejemplo: al alargarse el arco a causa de una discontinuidad superficial por una conducción irregular de la antorcha, aumentará la tensión de soldadura y tendremos una nueva característica del arco. De manera que disminuye la intensidad de corriente en una cantidad L2, por lo que fundirá una menor cantidad de alambre, lo que acorta el arco, retornándose automáticamente al punto de trabajo A1. Esto se produce más rápidamente cuanto mayor es L, es decir, cuanta más plana sea la característica externa de la máquina.

ANTORCHA O PISTOLA DE SOLDADURA

Las pistolas de soldadura tienen la misión de dirigir el alambre de aporte, el gas protector y la corriente hacia la zona de soldadura. Pueden ser de refrigeración natural o de refrigeración forzada por agua. Las primeras se utilizan, principalmente, en la soldadura de espesores finos. Cuando se emplea el argón corno gas protector, pueden soportar intensidades de hasta 200 amperios. Por el contrario cuando se protege con CO_2, pueden soportar mayores intensidades; hasta 300 amperios, debido a la mayor acción refrigerante de éste gas. Las pistolas refrigeradas por agua suelen emplearse cuando se trabaja con intensidades superiores a 200 amperios.

Algunas pistolas llevan incorporado un sistema de tracción, constituido por unos pequeños rodillos, que fraccionan el alambre—electrodo, ayudando al sistema de alimentación. Este tipo de pistolas son adecuadas cuando se trabaja con alambres de pequeño diámetro, o con materiales blandos como el Aluminio.

Las pistolas de soldadura disponen de un gatillo, que controla el sistema de alimentación de alambre, la corriente de soldadura, la circulación del gas protector y la del agua de refrigeración. Al soltar el pulsador, se extingue el arco y se interrumpe la alimentación de alambre, así como la circulación de gas y de agua.

Los equipos en su mayoría incluyen un temporizador que al extinguirse el arco, retrasa el cierre de la válvula de gas, manteniendo la circulación del mismo para proteger la solidificación del extremo del cordón de soldadura.

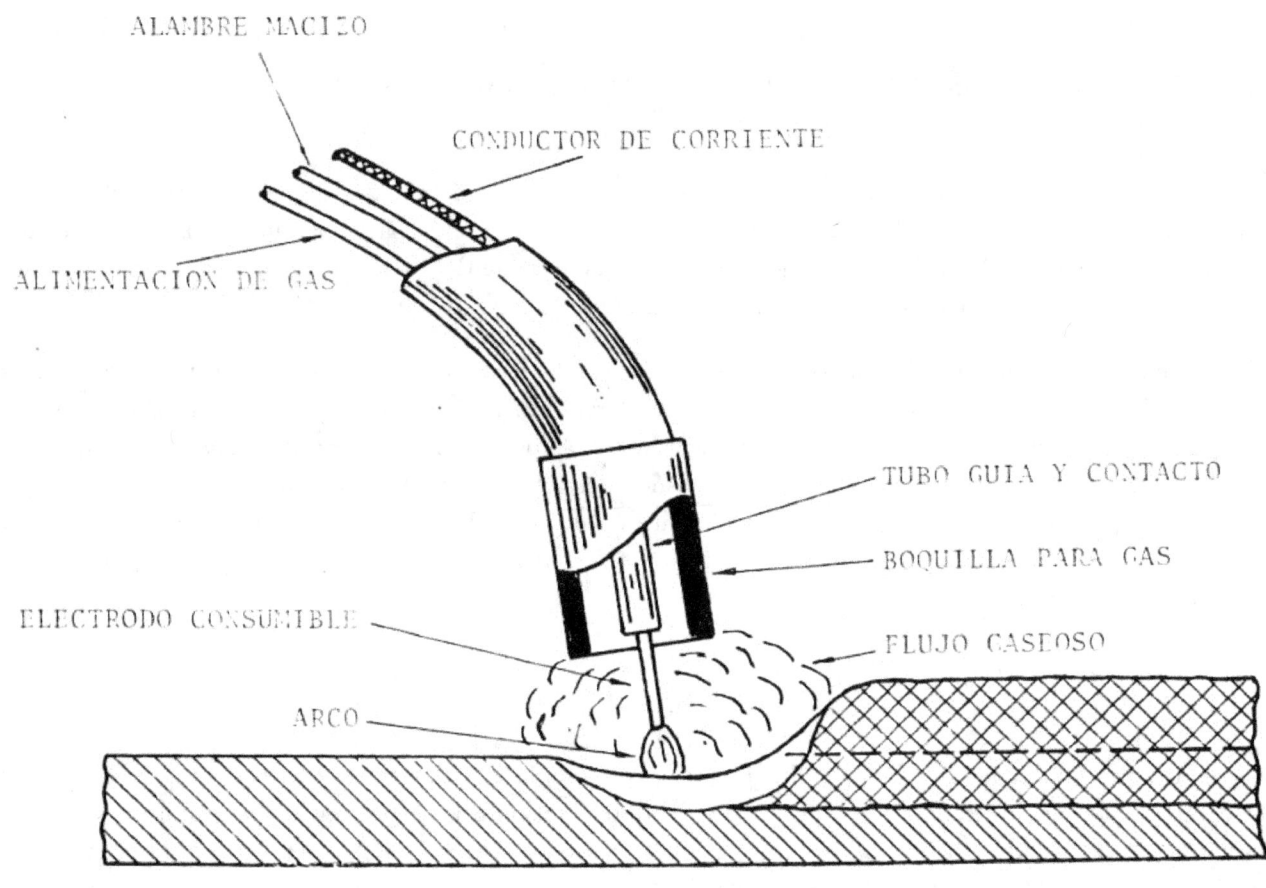

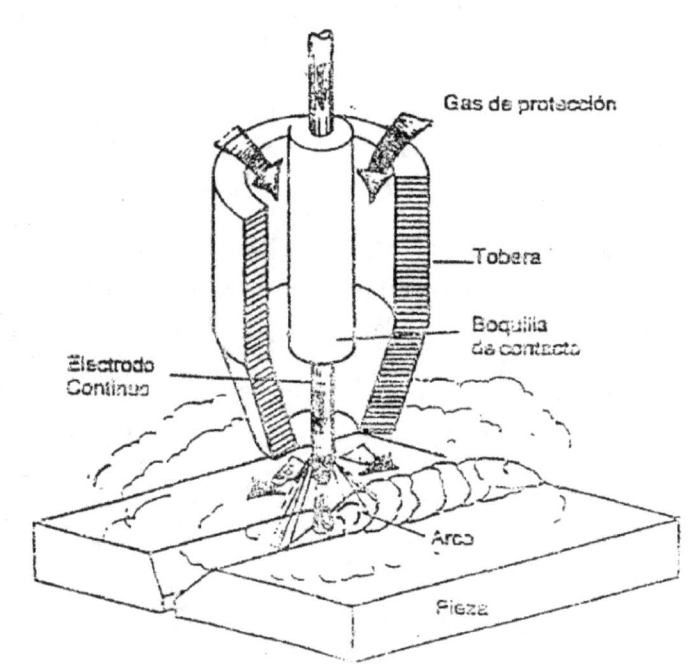

FIG DETALLE DE FUNCIONAMIENTO DEL CABEZAL DE UNA MÁQUINA MIG

SISTEMAS DE ALIMENTACIÓN DE ALAMBRE

El mecanismo de alimentación de alambre tracción el alambre—electrodo procedente de un rollo o bobinas y lo empuja automáticamente hacia la pistola de soldadura por medio de uno o dos pares de rodillos accionados por un motor generalmente de corriente continua con un regulador situado en la unidad de control que permite variar la velocidad de alimentación del alambre.

La pistola está conectada con el motor alimentador a través de una manguera flexible, que contiene la funda—guía del alambre el conductor de la corriente de soldadura, él conducto de gas el cable control y los conductores de agua de refrigeración. En el proceso refrigerado por agua, el conductor de la corriente de soldadura está directamente insertado en el conducto de retorno del agua.

El motor de alimentación de alambre se halla conectado a la fuente de energía y a la válvula solenoide que se encuentra sobre el conducto que proviene del cilindro de gas de protección.

Para proteger la pistola, existe un interruptor de falta de a agua en el sistema de refrigeración, que deja fuera de servicio a la instalación en caso de carencia del líquido.

Pare darle mayor movilidad al equipo y facilitar la soldadura en una zona amplia, el sistema de alimentación de alambre puede montarse sobre el generador de soldadura o separado del mismo.

FUNCIÓN DE LOS GASES DE PROTECCIÓN EN SOLDADURA MIG/MAG

En soldadura MIG o en cualquiera de los procesos de soldadura eléctrica por arco con protección gaseosa, el gas se utiliza para proteger el arco puede producir un efecto apreciable en las propiedades del depósito de soldadura.

En la soldadura eléctrica con electrodos revestidos, esto se consigue por las características del revestimiento del electrodo que produce una atmósfera apropiada cuando se desintegra en el arco de soldadura. En el caso de la soldadura MIG/MAG, se consigue el mismo efecto envolviendo el área de arco con gases que se suministran del exterior. El aire en el área del arco queda desplazado por el flujo del gas protector. De esta manera el arco queda rodeado de un manto de gas protector mientras se procede con la soldadura. Como el metal fundido de soldadura queda expuesto, solamente al gas de protección, los depósitos de soldadura no son contaminados, obteniéndose soldaduras fuertes y densas. El efecto de la protección del área del arco es el de evitar que el aire de la atmósfera se ponga en contacto con el metal fundido.

El aire de la atmósfera contiene un 21% de oxígeno, 78% de nitrógeno, 0,94% de argón y 0,04% de otros gases (principalmente dióxido de carbono). La atmósfera también contiene cierta cantidad de agua dependiendo de la humedad en el ambiente.

Entre los elementos que contiene el aire, el oxígeno, nitrógeno e hidrógeno son los que causan- las dificultades en la soldadura con arco eléctrico.

El oxígeno es un elemento altamente reactivo y se combina con otros en el metal o aleaciones para formar gases y óxidos indeseables. El oxidó producido por el oxígeno puede ser eliminado con el uso de desoxidantes en la composición del arco del electrodo. Estos desoxidantes tales como el manganeso y el silicio, se combinan con el oxígeno y forman una capa ligera que flota en la superficie de metal fundido. Si no le suministran estos desoxidantes, el oxígeno se combina con el hierro y forma compuestos que dan origen a inclusiones en el metal de soldadura, reduciendo las propiedades mecánicas de ésta. Al enfriar, el oxígeno liberado en el área del arco se combina con el carbono de los materiales de la aleación, formando monóxido de carbono. Si este gas queda atrapado en el metal de soldadura cuando se enfría, produce porosidades o huecos en el depósito de soldadura.

El hidrógeno también perjudica la soldadura. Las pequeñas cantidades de hidrógeno en la atmósfera hacen un arco errático.

De más importancia aún es el efecto que el hidrógeno tiene en las propiedades del depósito de soldadura. Como sucede con el nitrógeno, el hierro puede retener una cantidad relativamente grande de hidrógeno cuando se tunde, pero cuando se enfría tiene una baja solubilidad para el hidrógeno. Cuando el metal comienza a solidificarse, el hidrógeno es rechazado. El hidrógeno atrapado en el metal solidificado se reúne en ciertos puntos y causa grandes presiones o relajamientos.

El hidrógeno también causa los efectos conocidos como ojos de pescado, y grietas interiores. Los efectos del oxígeno, nitrógeno o hidrógeno hacen necesario la exclusión de los mismos del área de soldadura.

GASES DE PROTECCIÓN

Las soldaduras metálicas con protección gaseosa en metales no ferrosos emplean gases inertes como protección.

Los seis gases inertes son: helio, neón, argón, criptón, xenón y radón. Como los gases inertes son muy estable son apropiados en la soldadura de arco eléctrico corno protección contra la atmósfera.

De los seis gases inertes en la naturaleza, solamente el helio y el argán son importantes en la industria de la soldadura. Esto es debido a que son los únicos gases inertes que pueden ser obtenidos en cantidades razonables a precio económico.

El gas dióxido de carbono también puede ser usado para la protección del área de soldadura. A pesar de que no es un gas inerte, pueden hacerse compensaciones en sus tendencias oxidantes y así poderlo emplear como protección de soldadura.

Las características de este gas serán explicadas con más detalles posteriormente.

ARGÓN:

El gas argón ha sido usado por muchos años como un medio de protección para la soldadura por fusión. El argón se obtiene por la licuefacción y destilación del aire. El aire contiene un aproximado de 0,94% de argón por volumen o 1.3% por peso. Esto parece una cantidad pequeña pero calculando la cantidad de aire que cubre una milla cuadrada de la superficie de la tierra se encontrará que contiene aproximadamente 300.000 libras de argán.

Para la fabricación del argán, el aire se comprime a una gran presión y se enfría a una tempera ruta muy baja Entonces, los elementos que se encuentran en el aire hierven al elevarse la temperatura del luido. El argán hierve en el líquido a una temperatura de 302.49°. La pureza del argán para soldadura es de aproximadamente 99.995%. Cuando se necesiten purezas más altas, el gas el lavado químicamente hasta una pureza de 99.999%.

Comparado con el CO el argón tiene un potencial de ionización relativamente bajo, por lo cual tiende a estabilizarse mejor cuando se utiliza argán como gas de protección. Por esta razón el argón se usa muchas veces mezclado con otros gases para protección del arco. El argón produce un arco estable, reduciendo las salpicaduras. Como el argón tiene un potencial de ionización bajo, el voltaje del arco se reduce cuando se añade el argán al gas de protección. Esto da como resultado una fuerza más baja en el arco y, por lo tanto, reduce la penetración.

Esta combinación de penetración baja y reducción de la salpicadura hace el uso del argón muy favorable cuando se sueldan hojas de metal.

En el proceso MIG no se utiliza el gas argón—puro con mucha frecuencia. Esto es especialmente en la soldadura de acero. Cuando se utiliza argón puro en soldaduras de acero, los bordes de los cordones quedan socavados.

El tipo de penetración obtenida con soldadura realizada con argón puro es muy baja en los bordes de los cordones, con una porción muy profunda en el centro de la soldadura. Esto puede producir falta de fusión en la soldadura de raíz si el arco no es dirigido exactamente sobre el centro de la soldadura.

MEZCLAS ARGÓN- OXIGENO:

Para mejorar la apariencia del contorno del cordón de soldar, así como la deficiencia de penetración que se obtiene cuando se suelda acero dulce con argón puro, se puede añadir oxígeno en la protección gaseosa.

Pequeñas cantidades de oxigeno mezclado con el argón producen un cambio significativo. Por lo general el oxígeno se añade en cantidades de 1, 2 o 5%.

Esta proporción se limita a un 5% para evitar porosidades en el depósito de soldadura cuando se utilizan alambres de soldadura con protección gaseosa.

El oxígeno aumenta la penetración en el punto central del cordón de soldadura. Esto también mejora el contorno del cordón y elimina la socavación de los bordes de la soldadura que resulta cando se suelda acero con protección de argón puro.

DIÓXIDO DE CARBONO:

Mientras se desarrollaba el proceso de soldadura MIG, se encontró que el uso del argón o del helio corno protección gaseosa hacía difícil el proceso cuando se comparaba, económicamente con otros procesos aplicados en acero dulce Además, estos gases tienen ciertas características en el arco que presenta dificultades cuando se suelda acero dulce. Debido a estas limitaciones, se hicieron investigaciones con otros gases que pudieran ser usados con la soldadura MIG.

Cuando se investí ciaba el desarrollo de los electrodos revestidos para soldaduras en materiales de alta tensión y bajas aleaciones, los investigadores analizaron los gases generados por varios tipos de recubrimientos de electrodos, encontrando que la composición de los gases generadas por revestimientos de electrodos con base de calcio estaba formada por dióxido de carbono y monóxido de carbono en un 80 a 90%.

La presencia del monóxido de carbono era debida, primordialmente, al hecho de que esos gases estaban generados y confinados en un área donde no tenían contacto con el aire. Cuando se suelda normalmente en el aire, el monóxido de carbono es casi totalmente convertido en dióxido de carbono al dejar el Área del arco. Debido a esto, y a otros factores, se utilizó el dióxido de carbono que demostró una gran eficiencia como medio gaseoso para la protección de la soldadura MAG.

El dióxido de carbono es formado por moléculas. Cada molécula contiene un átomo de carbono y dos átomos de oxígeno. La fórmula química para la molécula de dióxido de carbono es CO_2. A menudo, el dióxido de carbono se menciona simplemente como gas CO_2.

A temperaturas normales el dióxido de carbono es esencialmente un gas inerte. Sin embargo, cuando es sujeto a altas temperaturas, el dióxido de carbono se separa en monóxido de carbono y oxígeno. Cuando suelda eléctricamente con alta temperatura, esta disociación tendrá lugar a un grado tal que un 20 o 30% de los gases en el área del arco son oxígeno O_2.

Debido a estas características de oxidación del gas CO_2, los alambres que se usan con este gas tienen que contener elementos desoxidantes. Estos elementos tienen una gran afinidad con el oxígeno y se combinan inmediatamente con él. Esto evita que los átomos de oxígeno se combinen con el carbono o con el hierro en el metal de soldadura para producir soldaduras de baja calidad. Los desoxidantes más comúnmente usados con el alambre MIG/MAG, son: manganeso, silicio, aluminio, titanio y vanadio.

El dióxido de carbono se en la mayoría de las plantas de gases de petróleo y se produce al quemar el gas natural, petróleo o carbón de piedra. También se obtiene como subproducto de las operaciones de los hornos de calcio, de la fricación de amoniaco y de la fermentación del alcohol.

El dióxido de carbono producido por la fabricación de amoniaco por la fermentación del alcohol, es casi 100% puro.

La pureza del dióxido de carbono puede variar considerablemente, dependiendo del proceso usado en su fabricación. Sin embargo, se han establecido normas de pureza requeridas para el dióxido de carbono a ser usado en soldadura eléctrica. La pureza especificada para el gas CO_2 utilizado para soldadura, es de un punto de rocío mínimo de menos de 40° F. Esto significa que un gas de esta pureza debe contener un aproximado de 0.0066% de humedad por peso, o 66 ppm. A pesar de que la norma mínima es de un punto de rocío de menos de 40° F, muchos fabricantes producen CO_2 con el grado de soldadura a un punto de rocío tan bajo como menos 70° F. Este gas tiene un contenido de humedad de 0.00091% por peso. El gas dióxido de carbono se envasa en cilindros o en tanques grandes. Los cilindros se usan más comúnmente.

Los cilindros con dióxido de carbono de calidad para soldadura contienen un aproximado de 50 libras, o 435 pies cúbicos de gas a una presión de mil libras por pulgadas cuadrada. En los cilindros de CO_2, el dióxido de carbono se encuentra en forma de vapor y líquida. El dióxido de carbono ocupa, aproximadamente 2/3 parte de espacio del cilindro, por peso, esto equivale a un aproximado de 90% del cilindro. El gas CO_2 en forma gaseosa se encuentra sobre el líquido. A medida que el gas va extrayendo del cilindro, el líquido se evapora parcialmente para reemplazar el gas que sale.

La salida normal del gas CO_2 del cilindro es de entre 4 a 35 pies cúbicos por hora. Sin embargo, la recomendación general cuando se usa un solo cilindro, es de 30 pies cúbicos por hora de salida máxima. A medida que la presión del gas CO_2 en forma de vapor sale del cilindro a través del regulador, éste absorbe una gran cantidad de calor. Si la salida de presión es muy alta, la absorción del calor puede producir una congelación del regulador y fluxómetro de gas CO_2 con la consecuente interrupción de la protección gaseosa en la soldadura, provocando porosidades en la misma. Cuando se requiere de salida de presión superior a os 25 pies cúbicos por hora, es recomendable la utilización de das cilindros de CO_2 conectados en paralelo, o la instalación de un calentador entre la botella de gas O_2 y el regulador de gas a salida excesiva de presión también puede resultar en la extracción de gas CO_2 en forma líquida del cilindro.

A medida que el dióxido de carbono en forma de vapor se extrae del cilindro, éste es reemplazado por el gas que se evapora del líquido contenido en el cilindro y, por lo tanto, la presión general del cilindro no se altera. Sin embargo a medida que se va usando el dióxido de carbono en forma líquida, la reducción de la presión ser indicada en un manómetro del regulador Cuando la presión dentro del cilindro ha bajado de 200 libras por pulgada cuadrada el cilindro debe reemplazarse por uno nuevo. Dicha presiones conveniente para evitar la entrada de humedad y otras contaminaciones del exterior.

El dióxido de carbono también se puede conseguir en tanques grandes. En estos grandes tanques, el dióxido de carbono se encuentra por lo general en forma líquida y se calienta para convertirlo en gas, antes de que llegue a la pistola de soldar.

Este sistema de tanques solamente se utiliza cuando se tenga que suministrar un gran número de estaciones de soldar.

CARACTERÍSTICAS DE LA SOLDADURA CON CO_2:

El gas dióxido de carbono elimina una gran cantidad de características indeseables que se obtenían cuando se utilizaba el gas argón como protección gaseosa.

Con el dióxido do carbone se obtiene una penetración firme y profunda. Esto facilita al operador la eliminación de defectos en la soldadura. Tales como falta de fusión. El contorno del cordón es bueno y no hay tendencia de socavación en la soldadura. Otra de las ventajas de la protección con CO_2 es el costo relativamente bajo cuando se compara con otros gases de protección. La principal desventajas del CO_2 es su tendencia en hacer un arco violento.

Esto puede producir problemas de salpicadura al soldar en materiales delgados donde la apariencia es de importancia primordial. Sin embargo, para la mayoría de las aplicaciones esto no representa mayor importancia y las ventajas de la protección del gas CO_2 contrapesan favorablemente esta desventaja.

La protección para la soldadura MIG puede ser hecha con cualquiera de los gases mencionados anteriormente o con una de estos gases.

Cuando se emplean mezclas de gases, se consigue ventajas con las características más interesantes de cada gas.

MEZCLAS CO_2:

En algunas soldaduras sobre aceros al carbono, la protección mediante CO_2 no permite alcanzar las características de arco que se requieren. Este problema suele presentarse en uniones en las que se debe cuidar especialmente el aspecto superficial y siempre que interese reducir al mínimo las proyecciones. Lo normal en estos casos es recurrir a las mezclas anteriores.

En cuanto a proporciones de mezcla, existe una gran variedad. Las más conocidas en el Mercado Nacional son las mezclas con: 2% CO_2 (AGA MIX 22) y 20% CO_2 (AGA MIX 20).

En las soldaduras de acero al carbono, la operación más suave y con menos salpicaduras se obtiene con la mezcla AGA MIX 20, además de permitir la soldadura por arco de rociadura o spray la cual genera un incremento en la penetración además de una mejor estabilidad del arco a altas corrientes de soldaduras con aumento en la rata de composición de metal de soldadura.

Las mezclas con CO_2 tienden a oxidar menos la soldadura que las mezclas con oxígeno, pero el oxígeno tiene efecto mucho mayor en la estabilización del arco. Se requieren dos o tres veces más la cantidad de dióxido de carbono que la de oxígeno para lograr el mismo efecto.

Las adiciones de CO_2 así como las de oxígeno al argón mejoran la fluidez del metal fundido y la soldabilidad del metal base comparando con los efectos producidos cuando se utiliza argón puro.

MEZCLAS DE ARGÓN—OXIGENO—DIÓXIDO DE CARBONO.

Con la finalidad de mejorar el comportamiento de la soldadura MAG de los aceros al carbono y de baja aleación, se ha investigado con mezclas triples $Ar \rightarrow O_2 \rightarrow Co_2$. Con estas mezclas se favorece la transferencia por arco de rociadura o spray a amperajes menores que otras mezclas.

La mezcla AGA MIX T-55 $(90\%Ar + 5\%O_2 + 5\%CO_2)$ permite obtener depósitos de buena calidad, pudiendo ser utilizada ventajosamente en posición vertical, es adecuada para soldadura con arco pulsante.

Otra mezcla es la AGA MIX T- 28. $(90\%Ar + 2\%O_2 + 8\%CO_2)$.

MEZCLAS ARGÓN—HELIO:

Estas mezclas ofrecen las ventajas de cada uno de los gases componentes. La mezcla AGA MIX 430 $(70\%Ar + 30\%He)$ se recomienda para la soldadura MIG del aluminio en espesores de más de 25 mm.

Para soldar cobre de más de 15 mm. de espesor, se puede usar una mezcla con $(90\%He + 10\%Ar)$ utilizable también para soldar de más de 75 mm. de espesor.

El helio favorece la penetración en la soldadura debido a que produce un arco más enérgico con un potencial de ionización de 24,5 voltios frente a 15,7 voltios del argón.

TRANSFERENCIA METÁLICA A TRAVÉS DEL ARCO.

El modo básico de transferencia metálica en el proceso de soldadura MIG/MAG es en forma de gotas que se desprenden del extremo del alambre alimentado continuamente y que se proyectan sobre la zona de soldadura.

Para un diámetro dado de alambre—electrodo, la cantidad de corriente y el tipo de gas protector determinan el tamaño y el número de las gotas que se desprenden del electrodo por unidad de tiempo.

Existen tres formas básicas de transferencia metálica:

1. Transferencia en cortocircuito.

2. Transferencia globular.

3. Transferencia Spray o de rociadura.

TRANSFERENCIA EN CORTOCIRCUITO

La transferencia se produce en forma de gotas, la gota de metal fundido que se forma en el extremo del hilo—electrodo va aumentando de tamaño y llega a ponerse en contacto con el baso de fusión antes de desprenderse del hilo. En este momento se produce un cortocircuito y el arco se extingue. Como consecuencia de la elevada corriente de cortocircuito que circula durante unos instantes, se acentúa el efecto de estricción magnética sobre la gota y ésta se separa del hilo pasando al baso de fusión al romperse el cortocircuito se restablece el arco y comienza un nuevo ciclo.

El número de cortocircuitos oscila entre 20 y 200 por segundo, en función de los parámetros de soldadura que usualmente son:

En la transferencia por cortocircuito la temperatura del baso fundido es mucho más baja por lo cual dicha técnica se utiliza en las siguientes aplicaciones:

— Soldadura en posición.
— Soldadura en pasada de raíz.
— Soldadura en chapa fina.
— Reparación de grietas.

Para la soldadura por cortocircuito suele utilizarse como gas de protección mezclas a base de CO_2 que mejoran la apariencia, calidad y velocidad de la soldadura.

TRANSFERENCIA SPRAY O ROCIADURA.

En este tipo de transporte, el material de aporte pasa desde el extremo del hilo—electrodo a la pieza, a través del plasma del arco, en forma de gotas muy pequeñas, que se proyectan a gran velocidad en la dirección del hilo.

Mientras se efectúa el transporte, las partículas metálicas que se desplazan a través del arco no permiten la interrupción en la circulación de la corriente, por lo que el arco es muy estable y la pulverización es prácticamente continua.

El transporte por rociadura requiere de altas intensidades de corriente usualmente superiores a 200 amperios y tensiones de arce superiores a 25 voltios. Con estos valores de energía disipada en el arco, la columna de aire adquiere una gran estabilidad y en la columna se distingue un núcleo externo, brillante y de forma cónica, por el interior del cual se efectúa el transporte de material (ver fig. 8).

Para obtener el transporte por pulverización o -rociadura también es necesario el empleo de argón, o mezclas ricas en argón.

TRANSFERENCIA METÁLICA

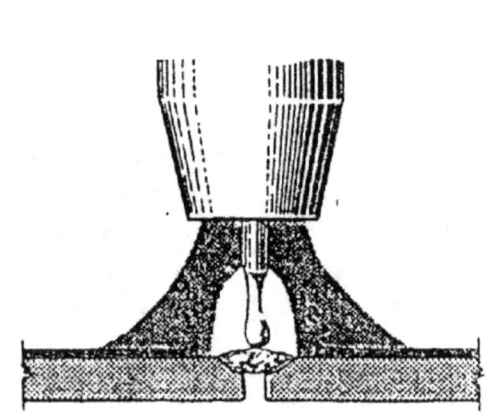
TRANSFERENCIA EN CORTO CIRCUITO

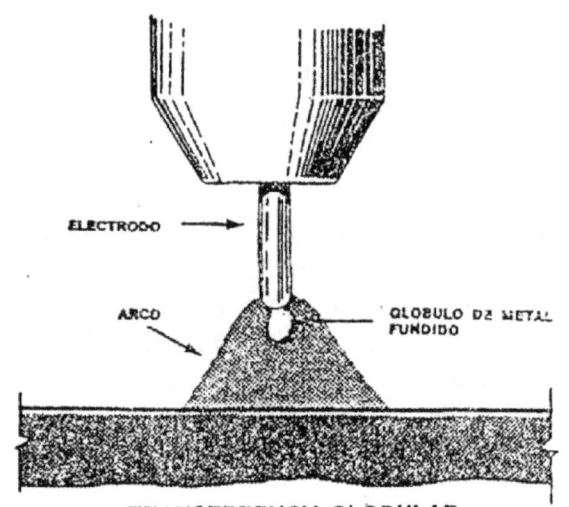
TRANSFERENCIA GLOBULAR

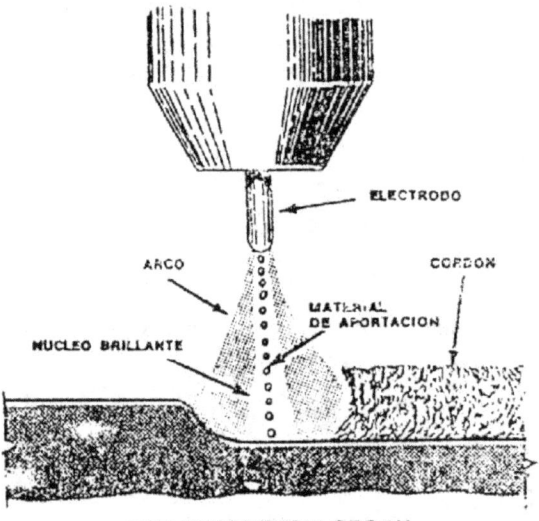
TRANSFERENCIA SPRAY

Utilizando arcos de potencia elevada como ocurre en arco por rociadura, pueden fundirse hilos de diámetros relativamente gruesos y obtenerse soldaduras de gran penetración y depósito de soldadura.

Este tipo de transporte es indicado en la soldadura de espesores gruesos y en posición plana, a excepción del aluminio que gracias a la gran capacidad de conducción del calor puede ser soldado en posición.

TRANSFERENCIA GLOBULAR.

En el transporte globular, la gota de metal fundido que se forma en el extremo del hilo—electrodo va creciendo hasta alcanzar un diámetro dos o tres veces el diámetro di hilo antes de desprenderse y pasar a la zona de soldadura a través del arco. En su recorrido a lo largo del arco, y debido a distintas fuerzas que se ejercen en el mismo, la gota adopta formas irregulares y adquiere un movimiento de rotación; el arco resulta inestable.

PRÁCTICA DE LA REGULACIÓN DE PARÁMETROS.

El procedimiento de soldadura MIG/MAG, contrariamente a la soldadura manual con electrodo revestido, exige la elección de dos parámetros; la tensión y la corriente.

Mediante un selector o conmutador de tensión (ver fig. 9) se elige la tensión o voltaje determinado. La corriente se fija por medio de la velocidad de avance del alambre.

De tal forma que si se adapta la intensidad a la tensión elegida. Este par de factores determina en su intersección, el punto de trabajo (3). A cualquier otro valor de tensión corresponde un nuevo punto de trabajo, si se tiene cuidado de corregir convenientemente la velocidad de avance de alambre. Todos estos puntos determinan la característica media de trabajo o curva característica de arco (ver fig. 9).

MODIFICACIÓN DEL VALOR DE UN PARÁMETRO DE SOLDEO.

Regulando únicamente el avance del alambre "más o menos", el punto de trabajo se desplaza hacia la izquierda o hacia la derecha a lo largo de la curva de tensión elegida (ver fig. 10). Según el tipo de soldadura a efectuar, ese campo es conveniente se en una zona determinada. Así mismo, para un avance constante de alambre, la tensión puede modificarse "más o menos" con el objeto de obtener un arco óptimo, aunque ésta posibilidad sea limitada.

Él alcance de los puntos límites de trabajo todavía utilizables definen el campo de trabajo efectivo, el cual se reproduce por la zona rayada entre las dos rectas características (ver fig. 10)

Si el avance de alambre se modifica mucho sin adaptar convenientemente la tensión, se obtienen falsas combinaciones de valores situadas fuera de la zona de trabajo.

El soldador reconoce éstas regulaciones inconvenientes por el aspecto del arco, muy largo o muy corto, y por el sonido. Este sonido puede ser muy suave en el caso de arco demasiado largo; en el caso del arco demasiado corto el sonido es muy duro produciéndose contactos irregulares del alambre con la pieza, sé siente que la pistola de soldadura tiende a levantarse.

MATERIALES DE APORTE EN SOLDADURA MIG/MAG.

Los hilos de aporte para soldadura MIG/MAG suelen ser de composición similar a la del metal base.

En la tabla 1 se muestran las características de composición quími.ca de los alambre para soldadura de aceros al carbono y baja aleación y en la tabla 2 los requerimientos de ensayos.

En La tabla 2.3 se indican las correspondientes composiciones químicas de los alambres para soldadura de los aceros inoxidables.

CUALIDADES SOBRESALIENTES DEL PROCESO MIG/MAG.

El proceso MIG/MAG tiene cualidades importantes entre las que sobresalen:

1. El arco es siempre visible para el soldad ador.
2. Con la selección de la mezcla de gas de protección más adecuada, se pueden lograr rendimientos adicionales con relación al uso de gases puros, bien sea inertes o CO_2; así como también mejores perfiles y penetraciones en la soldadura.
3. La pistola y los cables d soldadura semiautomática son livianos, haciendo muy fácil su manipulación y reduciendo la fatiga del operario.
4. La soldadura MIG es una de las más versátiles entre todos los procesos de soldadura.

VENTAJAS:

El proceso de soldadura eléctrica MIG/MAG ofrece muchas ventajas para todo tipo de trabajos de soldadura, desde los más pequeños hasta donde se tenga que utilizar en gran producción. El proceso demuestra muchas ventajas cuando se compara con otros procesos de soldadura por arco, tales como la soldadura manual al arco eléctrico con electrodos revestidos. A continuación detallamos unas cuantas ventajas proporcionadas por el proceso de soldadura MIG/MAG:

1. La soldadura puede hacerse en todas las posiciones.
2. No hay que limpiar la escoria.
3. Hay un mínimo de salpicaduras.
4. El proceso produce una superficie de soldadura de muy buena apariencia. Estas ventajas proporcionan ahorro de costo sustancial en la producción, debido a que, frecuentemente, el acabado de la soldadura es renglón de alto costo en la producción. Muchos fabricantes pintan o andizan sobre soldaduras MIG/MAG, sin preparación previa de la superficie.
5. Mínima generación de humo y gases.
6. No hay fundente o costra de soldadura que limpiar. Estas ventajas reducen los gastos generales.
7. Proporciona un alto coeficiente de deposición. El 95% del alambre—electrodo de aporte es depositado en la unión de soldadura. No existe, prácticamente, ninguna pérdida por desperdicios como sucede con la soldadura hecha con electrodo revestido.

8. El factor de trabajo del operario soldando con MIG/MAG es del doble comparado con el proceso de soldadura con electrodo revestido.
9. El depósito de metal de soldadura es de calidad e bajo hidrógeno.
10. Los pases de soldadura sencillos o múltiples proporcionan depósitos consistentes de calidad á prueba de rayos X.
11. Los espesores de metal soldable varían entre el calibre 24 hasta 1/4" sin necesidad de preparar los bordes, y en espesores de más de ¼" con preparación de los bordes, se pueden hacer soldaduras de uno o varios pases.
12. El proceso MIG/MAG une separaciones y des-alineamientos sin dificultad.
13. El mismo equipo puede ser usado para soldar la mayoría de los metales, con sólo seleccionar el alambre—electrodo correcto y el gas de protección.
14. Reduce grandemente la distorsión en soldaduras de metales delgados.
15. La soldadura MIG/MAG es el proceso de unir metales más económicos en una gran variedad de aplicaciones.

La soldadura MIG/MAG puede ser utilizada como proceso semiautomático o totalmente automático. En trabajos semiautomáticos el operario proporciona la dirección y la velocidad, del recorrido. La selección depende de su consideración como economía, basándose e la medida de la soldadura, el tiempo, la necesidades de producción, costo de herramienta, etc. En cada aplicación el proceso tiene tantas ventajas sobresalientes que ha sido adoptado para reemplazar, no solamente otros procesos de soldadura, sino que también otros métodos mecánicos para unir metales.

PROCESO T.I.G.

PROCESO GMAW: Se conoce como soldadura TIG (Tungsten Inert Gas) a la soldadura al arco con electrodo de tungsteno no consumible y protección de gas inerte. Es un proceso en el cual el arco se establece entre el electrodo y la pieza de trabajo, el arco eléctrico proporciona la energía necesaria para la fusión; tanto del material base como el aporte cuando este sea requerido.

Un chorro de gas inerte, suministrado con una cierta presión a través de una boquilla que rodea al electrodo. Expulsa el aire de las inmediaciones de la zona de soldadura, evitando la oxidación del electrodo y protegiendo el baño fundido y la zona térmicamente afectada de los efectos nocivos del aire. La soldadura TIG puede hacerse con corriente continua o alterna. Con la polaridad y clase de corriente se logran efectos adicionales, que en la práctica tienen que ser observados estrictamente.

El gas de protección normalmente usado es el Argón, Helio o mezcla de estos gases. El tipo de gas que deba usarse dependerá del tipo de metal base a ser soldado. Otros factores que deban ser tomados en consideración son: si la soldadura es manual o automatizada, velocidad de soldeo deseada, costo de la soldadura, etc.

La soldadura TIG puede usarse con todos los metales soldables, excepto cinc. El área más grande de aplicación está en la soldadura de los aceros inoxidables y de las aleaciones resistentes al calor, también en la de Aluminio y aleaciones de Níquel.

El método permite soldaduras de alta calidad en términos de pureza y de acabado superficial, es por estas razones usado en la manufactura de productos para la industria química y de generación de energía. Otra área de aplicación es la soldadura de los metales que se oxidan rápidamente, tales como el Titanio y el Aluminio.

La soldadura TIG puede realizarse en cualquier posición, también puede usarse cualquier tipo de junta. El método se usa principalmente para la soldadura de materiales delgados; 0.3 a 4 mm. En algunos casos la soldadura puede hacerse sin el uso de material de aporte. En la soldadura de metales más gruesos es práctica común soldar con TIG el pase de raíz, en los pases restantes se usan métodos más productivos.

EQUIPOS PARA LA SOLDADURA TIG.

Una instalación de soldadura TIG consta, por lo menos, de las siguientes partes: soplete, fuente de corriente, conexión de agua de refrigeración, reserva de argón con manorreductor y caudalímetro, mangueras, cables y piezas de unión así como instalaciones especiales (generador de alta frecuencia o de impulso para la soldadura con corriente alterna, etc. El soplete consta del porta-electrodo, en uno de cuyos extremos está colocada la boquilla de gas protector, que abarca concéntricamente el extremo libre del electrodo. El otro extremo se cierra con una tuerca de presión para fijar el electrodo. En los aparatos de soldadura a mano el porta-electrodo está lijado en ángulo a un mango, a través del cual se conduce la corriente, el gas protector y el agua de enfriamiento, llevando también, en algunas circunstancias, un contactor, con el que se mandan las funciones del cuadro de conexión

La fuente de corriente en la soldadura TIG es de importancia básica y la clase de corriente está condicionada al material, a ser utilizado.

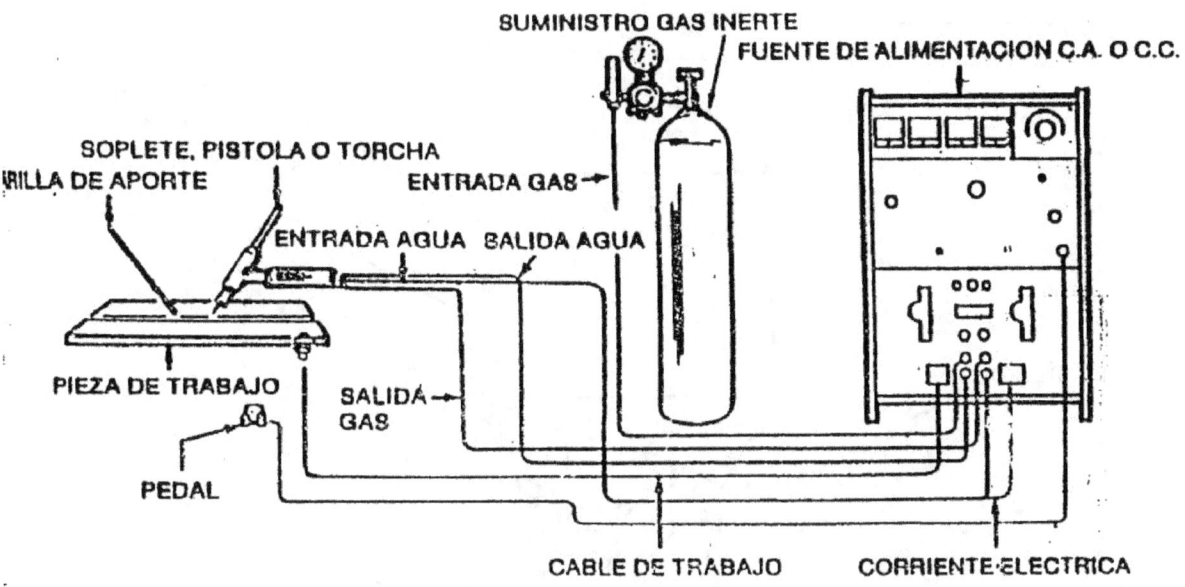

FIG ESQUEMA DE UNA MÁQUINA DE PROCESO TIG

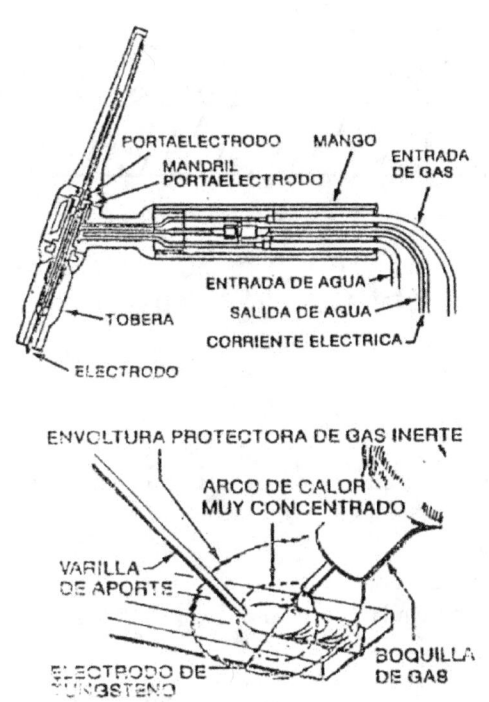

FIG CORTE TRANSVERSAL DE LA BOQUILLA

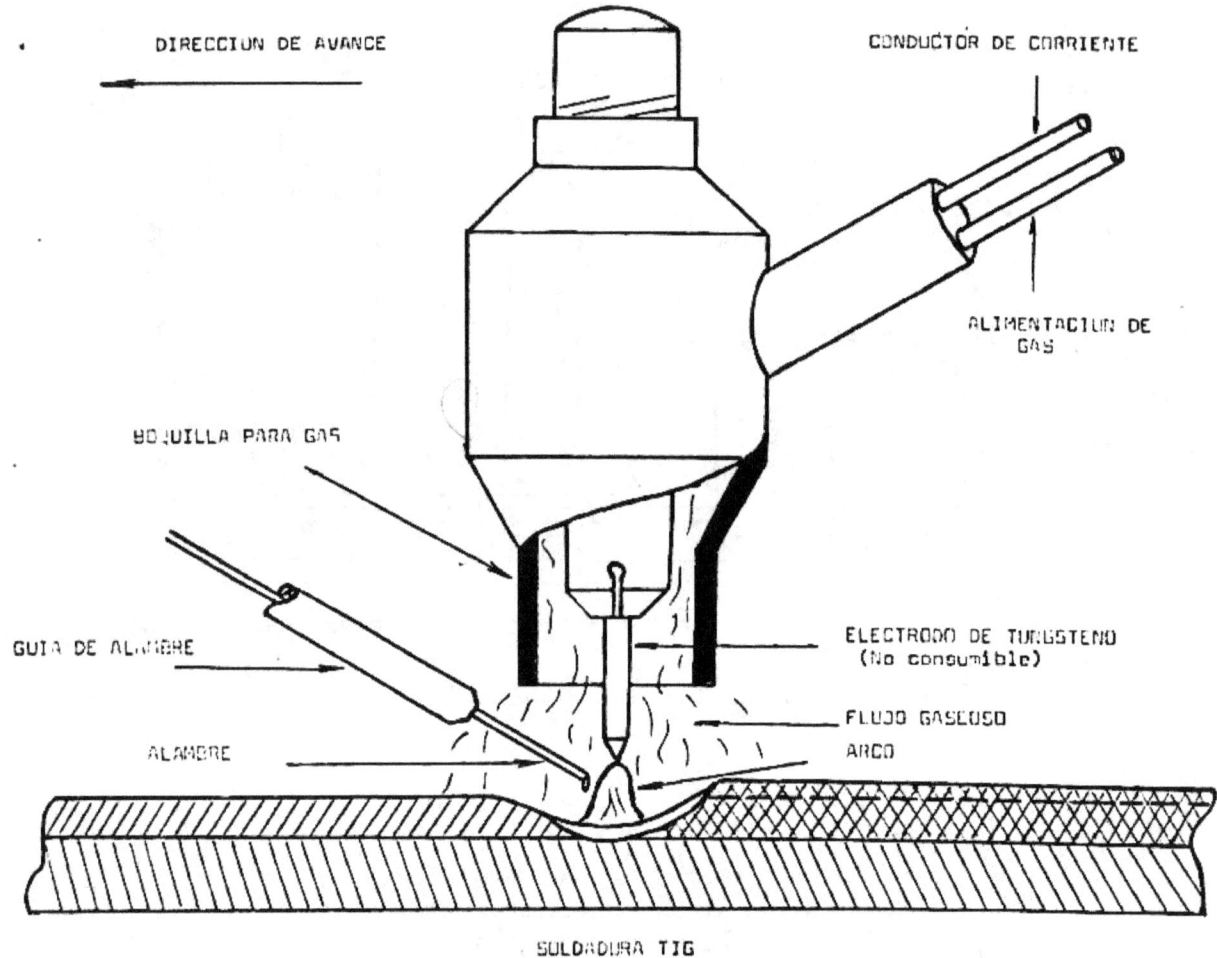

FIG DETALLA DE FUNCIONAMIENTO DEL PROCESO TIG

VENTAJAS DEL PROCESO.

1. Versatilidad del método. La mayoría de los metales pueden ser soldados en todas las posiciones y tipos de juntas.
2. Arco Estable y concentrado.
3. Alta calidad de material de soldadura.
4. Cordones de soldadura lisos y regulares.
5. No produce salpicaduras.
6. No se forma escoria.
7. No siempre es necesario usar metal de aporte.
8. Al igual que todos los sistemas de soldadura con protección gaseosa, el área de soldadura es claramente visible.
9. El sistema puede ser automatizado, controlado mecánicamente la pistola y/o el metal de aparte.

La única desventaja real del proceso TIG es su baja productividad en metales con espesores mayores de 4 mm.

GASES DE PROTECCIÓN.

La función más importante del gas de protección en la soldadura TIG es la de proteger las partes calientes y charco de soldadura del metal base, el material de aporte y el electrodo contra la acción dañina del aire que los rodea. Además el gas de protección afecta las características del arco y la apariencia de la soldadura.

ARGÓN

A continuación algunas de las razones por las cuales se justifica el amplio uso del argón como gas de protección en la soldadura TIG.

a. Eficiente protección debido a su alta densidad. El argón es 1,4 veces más pesado que el aire, lo que justifica su utilización para soldaduras fuera de posición y por ser menos sensible a corrientes de aire.
b. Buena estabilidad de arco. El argón permite un arco estable y regular, lo cual es particularmente importante en la soldadura con C.A.
c. Buen inicio de arco.
d. Económico. El argón es usualmente menos costoso que el helio.

HELIO

El helio es por tanto usado en la soldadura de materiales gruesos y de alta conductividad térmica, tales como el cobre; reduciéndose la necesidad de precalentamiento. El helio puede transferir mayor energía para una corriente, que el argón. El helio permite mayor penetración en la soldadura que el argón, a la misma intensidad de corriente.

La velocidad de soldeo es influenciada por el voltaje del arco. El voltaje mayor obtenible con helio permite mayores velocidades de soldeo, lo cual es ventajoso en extremo cuando se trata de soldar con sistemas automatizados.

MEZCLAS ARGÓN—HELIO

Se usan mezclas argón y helio cuando es necesario combinar las propiedades de los dos gases, por ejemplo buena estabilidad y penetración profunda.

MEZCLAS ARGÓN—HIDRÓGENO

El hidrógeno se añade principalmente para incrementar la velocidad de soldadura, pero el hidrógeno produce también una soldadura más limpia debido a su capacidad reductora.

FLUJOS DE GAS RECOMENDADOS

En la soldadura TIG es importante el uso de un flujo de gas correcto; de no ser así el oxígeno y el nitrógeno del aire, puede entrar en contacto con el charco de soldadura, produciendo defectos en ella. El flujo de gas debe ser lo suficientemente alto como para desplazar el aire de la zona de soldadura a ser protegida. Sin embargo, no debe ser tan alto que genere turbulencia, esto aumentaría el riesgo de arrastre de aire por parte del gas de protección. Es por tanto, es necesario encontrar el flujo de gas óptimo y esto depende de muchos y diferentes factores, siendo los más importantes los siguientes: tipo de material base, tipo de gas de protección, ángulo de soplete, corrientes de aire, Posición de soldadura, tipo de junta.

ELECTRODO Y MATERIALES DE APORTE

Los electrodos para la soldadura TIG son los siguientes:

a. Tungsteno Puro: Es el de aplicación más general y el de menor costo.
b. Tungsteno con 1 o 2 % de torio: la adición de torio proporciona mayor estabilidad del arco, mayor resistencia a fundirse la punta del electrodo y mayor facilidad para el encendido del arco.
c. Tungsteno con Circonio: Este electrodo tiene mayor duración y mejor operación en corriente alterna.

Los electrodos hechos con Tungsteno aleado tienen duración mayor, mejores características de iniciación del arco y pueden conducir- mayores corrientes que los electrodos de tungsteno puro. Además del riesgo de inclusiones es menor con el tungsteno aleado. Por su parte el electrodo de tungsteno puro es más barato y su punta se auto conforma a la geometría ideal requerida en la soldadura con C.A.

En general, se puede decir que los electrodos de tungsteno puro y los de tungsteno—circonio se usan para soldadura con C.A. mientras que los tonados se usan con C.C. Los de tungsteno—circonio pueden ser usados también con C.C. siendo por tanto un buen electrodo multipropósito (C.C. y C.A.)

Los electrodos para soldadura con C.C. deben tener punta de lápiz. Es importante que el amolado sea hecho correctamente, éste debe ser hecho en la dirección longitudinal del electrodo. Una regla nemotécnica para obtener la longitud de punta correcta es que sea dos veces el diámetro del electrodo (ver fig. 9). El extremo puntiagudo de la punta debe ser eliminado con la piedra de amolar.

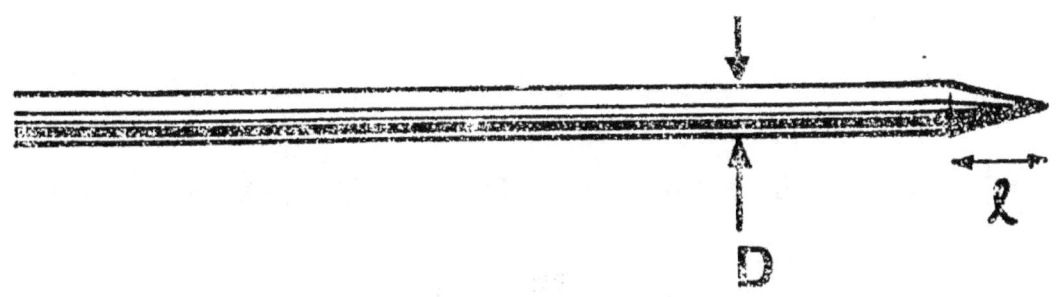

Fig. 9. Longitud aconsejable de la punta del electrodo para soldar con c. c

En la soldadura con C.A. el extremo de la punta debe estar redondeado. La punta se redondea por Si sola si el electrodo es cuidadosamente sobrecargado, haciéndose innecesario amolarla. Es importante escoger el diámetro correcto de electrodo, de acuerdo a las intensidades de corriente que se requieran usar.

En cuanto a los materiales hay que seguir la tendencia de todos los procesos de soldadura, que es tener en el cordón una composición química lo más parecida al metal base (cuando sea posible) o por lo menos compatible con este último, desde el punto de vista de las propiedades conjuntas.

El material de aporte no es siempre necesario cuando se sueldan piezas delgadas (de menos de 3 mm.) y en cierto tipo de juntas (cuadrada a tope o en reborde doble). Cuando es necesario usar material de aporte, este puede alimentarse manual o automáticamente.

En la soldadura TIG manual existe un amplio rango de materiales de aporte para los diferentes metales. Al soldar aleaciones especiales, donde no existe metal de aporte idéntico o disponible, es posible cortar tiras del metal base y usarlas como material de aporte.

5 SOLDADURA POR ARCO SUMERGIDO (SAW)

El proceso de soldadura por arco sumergido es también una forma, de soldadura con arco eléctrico, donde la diferencia estriba en la protección del arco eléctrico y metal fundido del oxígeno y nitrógeno que se encuentran en la atmósfera. El calor de este proceso se genera por la formación de un arco eléctrico entre el extremo del alambre—electrodo y el metal base que se va a soldar. Utiliza máquinas especiales de soldadura, automáticas o semiautomáticas, para suplir y alimentar el alambre—electrodo.

En vez de permitir la existencia de un gas de protección entre el alambre—electrodo y la zona de trabajo (como en MIG), el extremo del alambre—electrodo se sumerge en una cantidad de finas partículas de fundente o escoria la cual generalmente es acumulada a lo largo de la unión soldada. Como el arco genera calor, una porción del fundente granulado circundante al extremo del alambre—electrodo se funde. Este manto de material fundido es muy efectivo en la protección del arco y del metal fundido de la atmósfera como se ilustra.

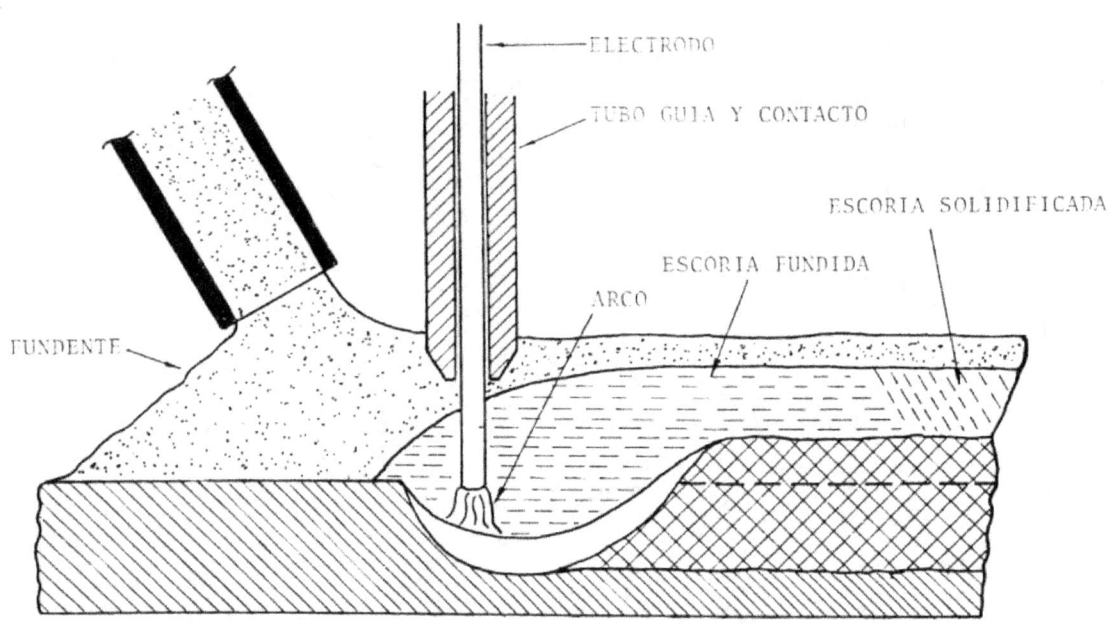

FIG PROCESO DE SOLDADURA SAW

El proceso de arco sumergido es único a causa de las muy altas corrientes soldables que se pueden desarrollar sin experimentar arcos violentos. Frecuentemente la corriente aplicada es cuatro o cinco veces más alta que la usada en la soldadura al arco con electrodos recubiertos. La alta corriente genera gran cantidad de calor que induce una penetración profunda del metal base, mayor porcentaje de alambre—electrodo depositado y permite mayor velocidad de soldadura. Ambos factores tienen efectos importantes sobre la composición química y propiedades metalúrgicas del metal soldado. Con profunda penetración de la gota fundida puede haber como mucho el 70% de metal base fundido.

La baja profundidad de penetración puede contener una cantidad tan pequeña como un 10 o un 20% de metal base; evidentemente, el análisis del cordón puede variar extensivamente según la selección del metal base, electrodo y composición del fundente, y las proporciones de cada uno de ellos en la integración del cordón.

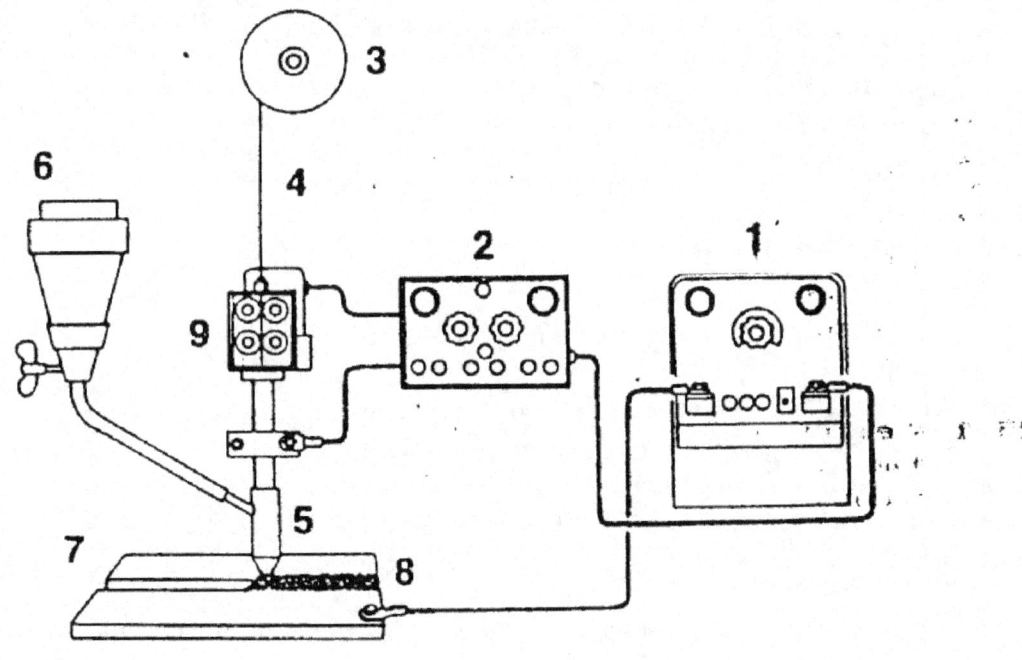

1 Fuente de Poder de CC o CA (100% ciclo de trabajo).
2 Sistema de control.
3 Porta carrete de alambre.
4 Alambre—electrodo.
5 Tobera para boquilla.
6 Recipiente porta-fundente.
7 Metal base.
8 Fundente.
9 Alimentador de alambre.

FIG El diagrama siguiente muestra los componentes para hacer soldadura por arco sumergido:

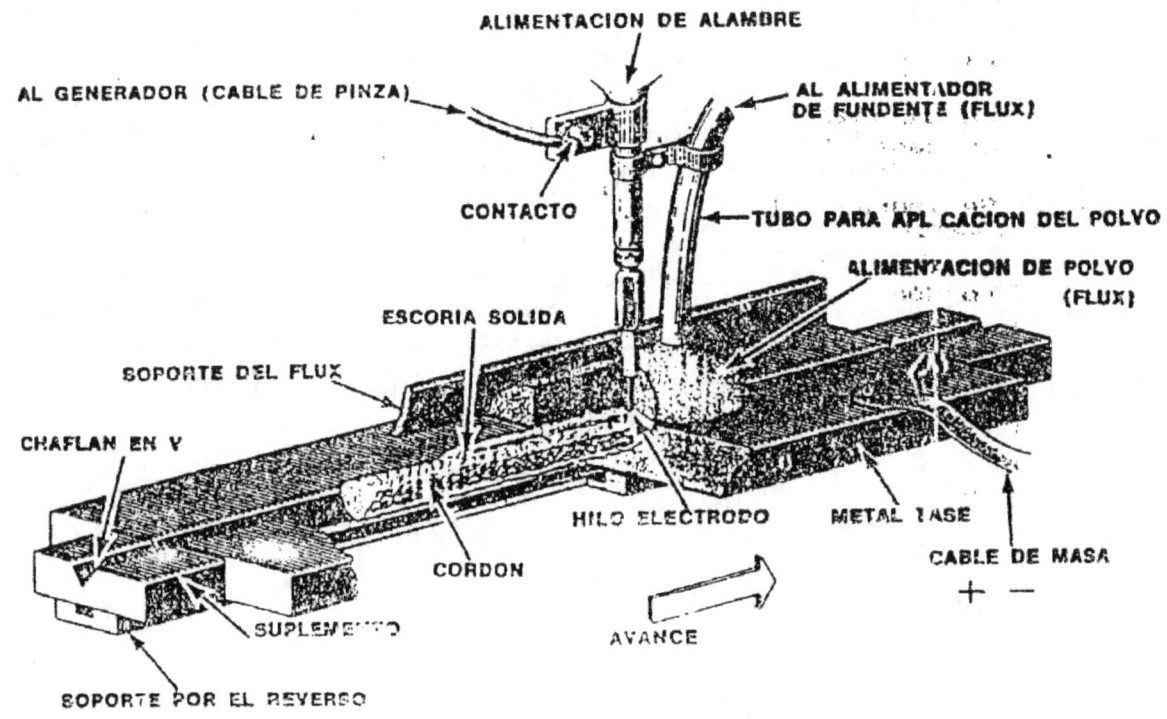

FIG CORTE DE UNA SOLDADURA SAW

La corriente puede ser continua o alterna. La corriente continua generalmente es operada con polaridad invertida (electrodo positivo), que aseguran una conveniente penetración en la unión. La soldadura es mejor ejecutada en posición plana; sin embargo, algunos trabajos son realizados en posición horizontal. Las posiciones vertical y sobrecabeza son impracticables debido a la alta fluidez del fundente y del cordón fundido. Alguna forma de respaldo es siempre requerida para prevenir una excesiva penetración a través del cordón.

Múltiples electrodos se pueden usar un arreglo para depositar más rápidamente el cordón o para cubrir un área más amplia. Los electrodos pueden colocarse lado a lado o uno delante del otro.

Este arreglo posterior puede emplearse marcadamente en la reducción de la penetración o en la fusión del metal base. Algunas veces un relleno suplementario de metal (sólido o en polvo) es alimentado dentro del arco para incrementar la rata de metal depositado en la unión o para apresurar el depósito en la superficie soldada.

VENTAJAS

1. Debido a que la corriente eléctrica se conduce directamente al punto de soldadura, no hay pérdidas por radiación.
2. El proceso es totalmente continuo.
3. Se alcanzan altos valores de densidad de corriente: de 20 hasta 100 A/mm^2.
4. Se logran altísimos rendimientos.
5. Penetración sumamente profunda (hasta 15 mm. en un solo cordón).
6. Aplicable en materiales muy gruesos.
7. Excelente protección del baño fundido.
8. Posibilidad de lograr influencia metalúrgica mediante los fundentes.
9. Muy buena calidad de la soldadura.

10. No se producen chisporroteos.

DESVENTAJAS

1. No aplicable en láminas de espesores delgados. En juntas a tope a partir de 2 mm. en juntas en ángulo a partir de 3 mm.
2. Solo es posible en posición horizontal y plana.
3. No es posible observar directamente el baño fundido para realizar correcciones eventuales.

APLICACIONES

- Aceros al carbono, aceros de baja aleación, aceros altamente aleados.
- Es posible soldar también metales no ferrosos (por ejemplo Cu) pero se utiliza muy poco.
- Muy útil al soldar Largos cordones (tuberías) o láminas (planchas) muy gruesas.
- Diámetro: de 1.6 hasta 12 mm.

CLASIFICACIÓN DE LOS ELECTRODOS

El prefijo "E" se utiliza para designar electrodo y el resto de las siglas se utilizan para designar a los electrodos para usos especiales. Ejemplo

La letra "L" indica que es un electrodo comparativamente bajo en el contenido de manganeo.

La letra "M" o "H" indican medio o un alto contenido de manganeso en el electrodo.

El dígito o dígitos, indican el contenido de carbono en el electrodo. La letra "K", la cual aparece en algunas designaciones, indica- que el electrodo fue fabricado con un acero de bajo silicio. La adición del sufijo N a la designación de la clasificación, indica que el electrodo es para aplicaciones nucleares.

CLASIFICACIÓN DE LOS FUNDENTES

La designación de la clasificación de un fundente debe consistir de un prefijo "F" seguido por un número de dos dígitos representativos de las propiedades, resistencia a la tracción e impacto, de las pruebas hechas usando una dada combinación de electrodos-fundente. Seguidamente se coloca la clasificación usada para el electrodo.

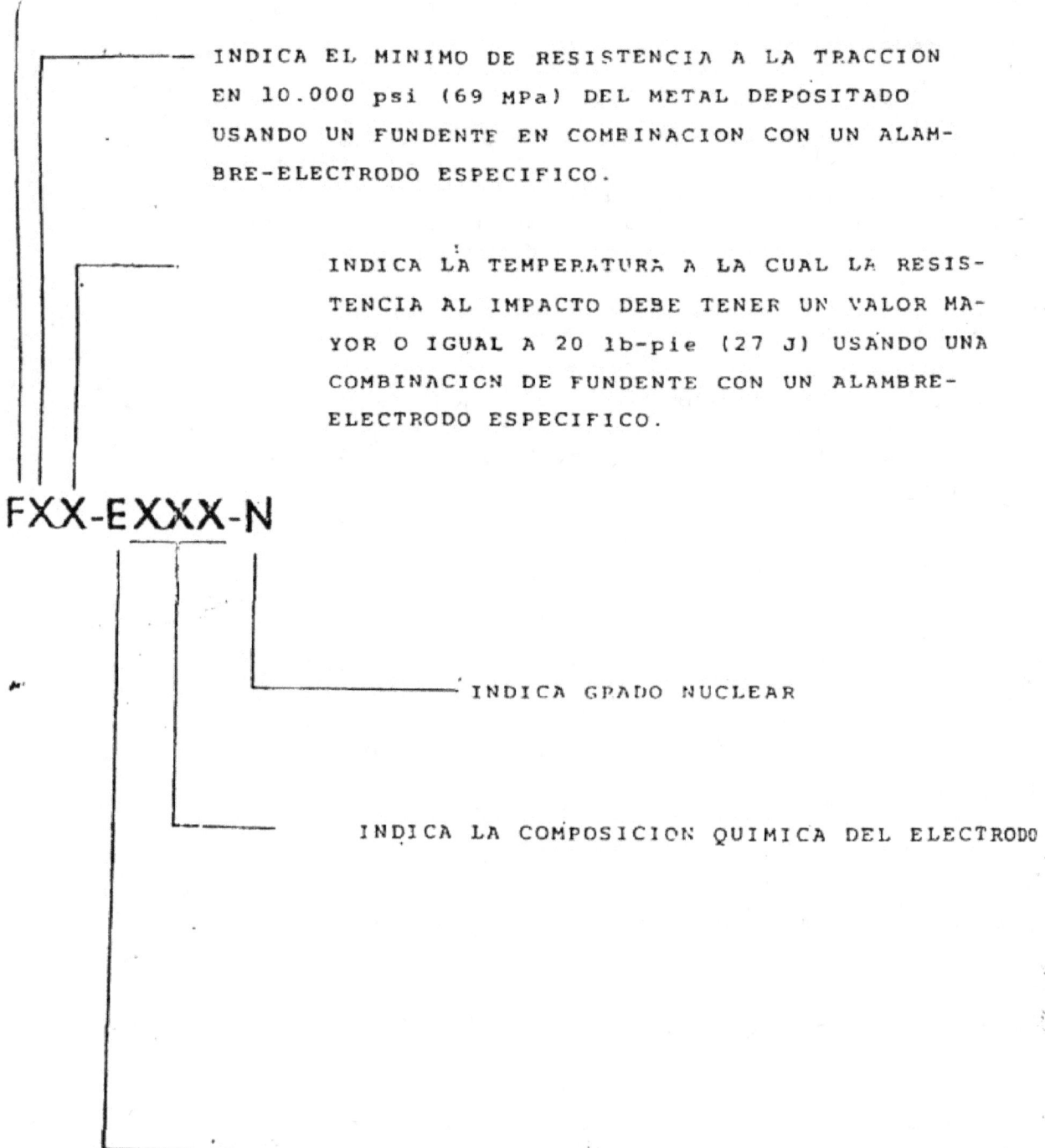

SISTEMA DE CLASIFICACIÓN PARA LA COMBINACIÓN FUNDENTE-ELECTRODO

6 PROCEDIMIENTOS DE SOLDADURA Y SU CALIFICACIÓN

(Resumen Sec. IX ASME)

ADVERTENCIA:

la presente sección del manual del curso o programa de formación es la que esta sujeta a mayores cambios con frecuencia, puesto que los códigos están sujetos a procesos periódicos de actualización, no pretende esta sección del manual en constituirse en la verdad absoluta en matera ce procedimientos de clasificación de los procedimientos de soldadura, solo se busca dar orientación y que se puede esperar del mismo.

RESPONSABILIDAD:

Cada fabricante o contrata debe tener por escrito los parámetros aplicables a la soldadura que se va a usar en la constricción de los equipos soldados. El documento donde se fijan estos parámetros se llama "Especificación del procedimiento de soldadura" (WPS).

Cada fabricante o contratista deberá calificar la especificación (WPS) soldando probetas—muestras, que son sometidas a ensayos de acuerdo con el código, registrando los resultados en un documento llamado, "Registro de la calificación del procedimiento" (PQR).

Los soldadores y los operarios de soldadura usados para realizar la calificación del procedimiento deberán estar bajo estricta supervisión del fabricante, contratista o montador, durante el desarrollo de la calificación.

No se permite aceptar para pruebas probetas soldadas por otra organización; solo se aceptan los trabajos de preparación, los de ensayos no-destructivos y ensayos mecánicos, siempre y cuando el fabricante, contratista o montador, acepte la responsabilidad de esos trabajos.

Un procedimiento pueda necesitar varias calificaciones y una calificación puede respaldar varios procedimientos.

ESPECIFICACIÓN DEL PROCEDIMIENTO:

La especificación de un procedimiento de soldadura debe contener el número P al cual pertenecen los materiales que van a ser soldados, el material de aporte que va a ser usado, el rango de precalentamiento y tratamiento térmico posterior, espesores, y otras variables descritas para cada proceso como esenciales y no esenciales.

Los soldadores deben tonar como referencia, copia del WPS, así como los inspectores, para vigilar su astricto cumplimiento.

Las variables no-esenciales, se pueden variar de acuerdo a los requerimientos de producción sin necesidad de hacer una nueva calificación, — adicionando estos cambios al WPS o haciendo un nuevo WPS.

El fabricante o contratista deberá certificar que él ha calificado todos los procedimientos, que ha hecho las probetas para calificarlos, que las ha sometido a los ensayos necesarios y que tiene los documentos de esas calificaciones. (PQR).

CALIFICACIÓN DEL PROCEDIMIENTO:

Este documento contiene las variables esenciales del proceso de soldadura específico. El espesor del depósito de soldadura de acuerdo a cada proceso y el resultado de las pruebas de laboratorio.

Este documento debe ser certificado por el fabricante o contratista y debe estar disponible para el inspector.
Un cambio en una variable esencial requiere una recalificación y otro PQR.

COMBINACIÓN DE PROCESOS DE SOLDADURA:

Se puede usar más de un proceso al hacer una junta en producción, cada proceso o procedimiento puede ser calificado separadamente o en combinación con otro y se pueden eliminar de la junta en producción, si es necesario.

POSICIONES:

Una calificación en cualquier posición califica el procedimiento Para todas las posiciones. El sor compatible con las posiciones permitidas por el electrodo o proceso.

MATERIAL BASE:

El material base y el metal de aporte podrán ser uno o más de los fijados en la especificación. El metal base podrá ser plancha, plancha u otra forma. La calificación en tubería califica para plancha y viceversa.

VARIABLES ESENCIALES:

Son aquellas en las cuales un cambio afecta las propiedades mecánicas de la soldadura y es necesario hacer una recalificación del WPS.

Las variables esenciales suplementarias son tenidas en cuenta cuando el material requiere ensayo de impacto.

VARIABLES NO-ESENCIALES:

Son aquellas en las cuales un cambio no necesita una rectificación del WPS.

TABLA 1

Procesos / Variables	SMAW E	SMAW NE	SAW E	SAW NE	GMAW E	GMAW NE	GTAW E	GTAW NE
Junta		X		X		X		X
Metal Base	X		X		X		X	
Metal Aporte	X		X		X		X	
Posición		X		X		X		X
Pro-Calentam.	X		X		X		X	
Tratamiento T.	X		X		X		X	
Caract. Electr.		X		X		X		X
Técnica		X		X		X		X
Gas					X		X	

MSC FRANCISCO J. GONZÁLEZ R. ING.

CALIFICACIÓN DE SOLDADORES

(Resumen Sec. IX ASME)

La calificación de los soldadores se efectúa para determinar la habilidad de los soldadores y operadores de soldadura para hacer buenas soldaduras.

1. EXAMEN.

    Cada fabricante o contratista deberá calificar sus soldadores y operadores de soldadura para cada proceso usado en soldaduras de producción.

    La calificación del soldador deberá hacerse de acuerdo a uno de los procedimientos calificados, cuando el procedimiento exige tratamiento térmico posterior este tratamiento puede omitirse.

    La prueba de calificación puede suspenderse en cualquier momento de su desarrollo, cuando el inspector que la está supervisando considere que el soldador no tiene los conocimientos o la practica necesaria para producir resultados satisfactorios.

2. IDENTIFICACIÓN.

    A cada soldador calificado, se le asigna un número, una letra u otro símbolo para identificar el trabajo ejecutado por el soldador u operario.

3. REGISTRO.

    La información con las variables esenciales y el resultado de las pruebas se registran en un documento llamado "Calificación del Soldador" (RPQ).

4. EXAMEN RADIOGRÁFICO.

    Se permite hacer la calificación de la prueba por medio de R—X en sustitución de los ensayos mecánicos. Se deberá radiografiar mínimo 6" longitudinales o toda la junta en tubería.

5. POSICIONES GENERAL PARA SOLDADURA A TOPE

Posición Califica en:

Calificación	1G	2G	3G	4G	5G	6G
1G	X					
2G	X	X				
3G	X		X			
4G	X			X		
5G	X			X	X	
2G – 5G	X	X	X	X	X	X
6G	X	X	X	X	X	X

6. SOLDADORES.

Un soldador calificado de acuerdo a un procedimiento calificado, queda calificado en cualquier otro procedimiento que use el mismo proceso de soldadura y permanezca en los límites de las variables esenciales.

7. PRUEBAS.

Las soldaduras hechas en las probetas-muestras, pueden ser examinadas por R—X o por pruebas de doblado. Como alternativa, 3 pies (910 mm.) de longitud de la primera soldadura producida por un operario de soldadura puede ser radiografiada y tomada como calificación.

Si se escoge la última alternativa en una soldadura que no necesita R—X y falla el operador, éste no califica y toda la soldadura que haya ejecutado deber ser radiografiada y reparada por un soldador calificado.

8. RECALIFICACIÓN.

Cuando una recalificación se hace inmediatamente, el soldador u operario debe hacer dos probetas-muestras consecutivas para cada posición en la cual falló y debe pasar todas las pruebas.

Cuando el soldador u operador tiene un curso de instrucción o tiempo de práctica, se hace la recalificación normal en cada posición en la cual ha fallado.

Cuando se ha rechazado la calificación usando R-X la recalificación se deberá efectuar con R-X nuevamente.

A criterio del fabricante, el operador que ha sido rechazado puede ser recalificado radiografiando 6 pies adicionales de soldadura de producción si pasa la prueba el soldador queda calificado, y el área donde falló puede ser reparada por él mismo. Si no pasa la prueba, toda la soldadura deberá ser radiografiada y reparada por un soldador califica do.

9. RENOVACIÓN DE LA CLASIFICACIÓN.

La renovación de la calificación es necesaria cuando:

a. Un soldador u operario deja de usar el proceso específico por más de 3 meses; excepto cuando ha soldado con otro proceso y el tiempo se puede extender a 6 meses.
b. Cuando hay una razón específica para cuestionar su habilidad para soldar.

10. VARIABLES ESENCIALES.

Los soldadores se deben recalificar cuando se hace un cambio en una de las variables esenciales.

PARTES Y ARTÍCULOS DE LA SECCIÓN IX

PARTE QW SOLDADURA	PARTE QB SOLDADURA FUERTE
ARTÍCULO I:	ARTICULO. XI:
REQUERIMIENTOS GENERALES DE SOLDADURA	REQUERIMIENTOS GENERALES DE: SOLDADURA :FUERTE
ARTICULO II:	ARTICULO XII:
CALIFICACIONES DÉ LOS PROCEDIMIENTOS DE SOLDADURA	CALIFICACIONES DE LOS PROCEDIMIENTOS DE SOLDADURA
ARTICULO III:	ARTÍCULO XIII:
CALIFICACIONES DE LA HABILIDADES PARA –SOLDAR	CALIFICACIONES DE LAS HABILIDADES PARA HACER SOLDADURA FUERTE
ARTÍCULO IV:	ARTÍCULO XIV:
DATOS DE SOLDADURA	DATOS DE SOLDADURA FUERTE

7 DISCONTINUIDADES EN LAS SOLDADURAS

- DISCONTINUIDAD: Son interrupciones de la homogeneidad en la estructura típica de un material, las cuales pueden presentarse en las propiedades mecánicas, metalúrgicas o físicas del material.
- DEFECTOS: Son discontinuidades que interfieren en el uso de una parte material y que generalmente conducen a su falla durante servicio. Una discontinuidad será defecto citando no cumpla con los requisitos mínimos exigidos por un código, norma o especificación aplicables para ese caso.
- DISCONTINUIDADES E IMPERFECCIONES SUPERFICIALES: Son todas aquellas, que en principio, pueden reconocerse por inspección visual:

1. Exceso de penetración: Es cuando el metal fundido de los cordones que cubren la raíz, rebosa por abertura de ésta, dando lugar a rebabas de metal:
   Exceso de penetración uniforme: Cuando la cresta metálica excedente se extiende a lo largo de toda la raíz, Desde el punto de vista metalúrgico, los excesos de penetración uniforme no son agresivos.
   Descolgadura (a): Cuando el material en exceso se encuentra localizado en sólo ciertas zonas del cordón, formando una especie de estalactitas metálicas, a veces de gran desarrollo. Pueden crear impedimentos más o menos importantes al paso de los fluidos (tuberías) u objetos que hayan de circular por el interior de la misma.
2. Falta de penetración: Son zonas de la soldadura en que no ha penetrado el metal fundido. En las uniones U o en V, son visibles por la parte posterior del cordón, siempre que sea accesible.
   Falta de penetración parcial (c): Va frecuentemente asociada a una falta de fusión, así como en la raíz.
   Falta de penetración total (b): En este caso, la sección completa de la abertura de la raíz he quedado sin rellenar de metal de aporte. Esta Forma es más agresiva.
   Raíz Cóncava (d) tiene una morfología parecida a la anterior, aunque menos acusada En este caso, el metal ha penetrado por los bordes de la raíz, pero su prematura solidificación no le ha permitido rellenar el centro, que ha quedado formado una bóveda o arco.
   Raíz rechupada (e): Durante la solidificación del metal se producen, a veces contracciones que pueden, en ciertos casos, afectar la penetración de la raíz, suelen adoptar un aspecto de raíz cóncava. o, a veces, bicóncava ti ondulado, Esta discontinuidad sólo se manifiesta si la raíz tiene una abertura muy amplia, a veces se asocia a excesos de penetración.
3. Falta de relleno o concavidad externa (f): Ocurren cuando el metal aportado no es suficiente para rellenar por completo el ángulo comprendido entre las piezas a soldar. Generalmente quedan unos canales más o menos acentuados en los bordes del cordón. Se da por mucho amperaje y no rellena bien.
4. Mordedura o socavación (g): Son ranuras en la pieza. a ser soldada, bien sea a lo largo del borde superior o exterior de la soldadura, o en el borde interno. Consiste en fallas de material en el borde externo o interno del cordón.
   Ocurre por la excesiva, velocidad del soldador en los movimientos de vaivén del soplete o del electrodo.

5. Salpicaduras (h): Son imperfecciones que consisten en esferas de metal fundido depositados al azar sobre el cordón y su vecindad. Generalmente, no tiene importancia respecto a la calidad de la soldadura.
6. Picaduras (j): Es una imperfección ajena al proceso de soldeo. Son áreas afectadas de pequeñas depresiones en el metal base, y por ello, sin relación con la unión soldada.
7. Labios (j): En la soldadura por resistencia y presión, cuando este y la temperatura alcalizada son insuficientes, se pueden presentar discontinuidades como consecuencia de una falta de pegado de la unión soldada, tanto, en los bordes como en el núcleo y localizadas en el plano transversal definido por los labios que se forman en el proceso de soldadura. La presencia de esta puede ser muy perjudicial en piezas sometidas a esfuerzos de fatiga, se manifiestan como falta de penetración no muy marcadas.
8. Falta de continuidad en el cordón (k) (faltas de continuidad, mala continuidad): Se origina al interrumpir el soldador el cordón y no empalmar bien la reanudación del trabajo. La severidad es muy variable, ya que en los casos más severos, pueden considerarse auténticas faltas de fusión transversal, en tantos que en otras ocasiones, son simples surcos normales al eje del cordón.
9. Chispazos o quemaduras por arco: En la soldadura eléctrica, puede ocurrir que, por una falsa maniobra del soldador, salte un arco a un punto del cordón ya terminado o su vecindad.
10. Restos de electrodos: Cuando se suelda con máquinas automáticas en atmósfera inerte y electrodo continuo (MIG), pueden quedar, al efectuar el cordón de penetración, restos de alambre -- electrodo, que sobresalen a veces varios cm., de la base de la unión soldada.
11. High - low o deslineamiento: Está definido como una condición en donde la superficie de la tubería, acople a ambas están desalineadas.

    El desalineamiento no es objetable siempre y cuando las paredes de las raíces de las tuberías adyacentes y/o juntas de acople estén completamente unidas por et metal de aporte. Cuando un borde de la raíz está libre o no está unido si es objetable.

DISCONTINUIDAD E IMPUREZAS INTERNAS:

1. Falta de penetración (a): Si la unión es en X o K, la raíz queda en el corazón del cordón siendo la falta de metal de aporte en dicha zona (falta de penetración) rigurosamente interna.
   Otras veces (menos frecuente), la Falta de metal queda entre las capas sucesivas del cordón. Según esto presenta esta discontinuidad las variantes.

   - Faltas de penetración en la raíz Consiste en falta de metal de aporte en la raíz de la soldadura. Puede originarse por falta de temperatura, por exceso de velocidad en la realización del cordón o por falta de habilidad del soldador.
   - Faltas de penetración entre capas: Ocurre a. veces que al superponer un cordón, queda una zona sin metal por las mismas causas anteriores.
2. Falta de fisión (b): Es la falta de unión entre pases o entre el metal de aporte y el metal base, debido a que la temperatura del metal de aporte no es suficiente para fundir el metal base o el cordón anterior ya sólido con lo que queda una zona. más o menos extensa sin soldar. Según su localización, cabe distinguir tres tipos de falta de fusión.
   - Falta de fusión en la raíz: Suele ocurrir cuando falta la abertura de la raíz y la temperatura de soldeo no es bastante elevado o se ha ido muy deprisa en el cordón de penetración. En las uniones en U o en V, queda visible con más 6 menos dificultad en la parte posterior de la soldadura. En las uniones en X o en K, queda en el mismo centro o núcleo de los cordones y es frecuente que vaya, asociado a falta de penetración.
   - Se localizan entre la masa del cordón y el metal base. A veces se asocian a faltas de penetración parciales.
   - Faltas de fusión entre capas del cordón: Se localizan en la masa de esta entre capas sucesivas del metal de aporte, ello hace que su aspecto puede variar bastante.
3. Inclusiones: Se consideran inclusiones, las impurezas producidas por minerales extraños sólidos atrapados en la masa del metal durante el proceso de fisión. Se divide en:
   - Escoria: Son formaciones generalmente alargadas muy frecuentemente encadenadas según líneas paralelas al eje del cordón, constituidas por mezclas de óxidos metálicos y silicatos principalmente. Causas principales de

su presencia son: la Falta de limpieza del soldador en su trabajo, y en el caso de soldadura eléctrica, la elección de un electrodo inadecuado o de mala calidad.
- Óxidos: Son una variante de escoria formada casi exclusivamente por el óxido del metal soldado. Son características de los metales no Ferrosos (AL).
- Otros metales: a veces en la masa del metal fundido quedan englobadas partículas de otros metales que pueden ser detectados por radiografía.

4. Cavidades y poros: Son inclusiones gaseosas o bolsas d gas que se presentan en el metal de aporte.
Causas: Existencia de una falta de penetración en la raíz de las uniones soldadas en donde se introducen los gases.

— Electrodos húmedos o material mojado.
— Corrientes de aire.
— Limpieza prematura de la escoria al terminar una pasada. No hay que olvidar que la escuna evita el enfriamiento demasiado rápido del metal fundido:

5. Grietas: Son discontinuidades de morfología bidimensional, que aunque generalmente afloran a la superficie, no son fácilmente visibles a simple vista, siendo preciso recurrir a otros ensayos (PM, o LP) para. su detección.
Grietas longitudinales: Que se extienden en dirección paralela al eje del cordón.
Grietas transversales: Su desarrollo es perpendicular l eje del cordón.
Grietas de borde Se originan en una de las caras del ángulo comprendido.
Grietas cráter: Son pequeñas grietas estrelladas que se forman localmente en el seno de irregularidades del cordón.
Las grietas son consideradas, desde el punto de vista metalúrgico corno discontinuidades muy agresivas.

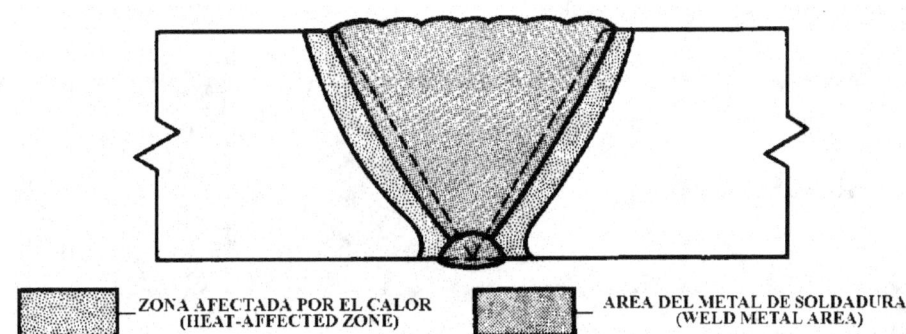

ELEMENTOS DE LA SOLDADURA

Croquis de una soldadura típica, mostrando la zona afectada por el calor.

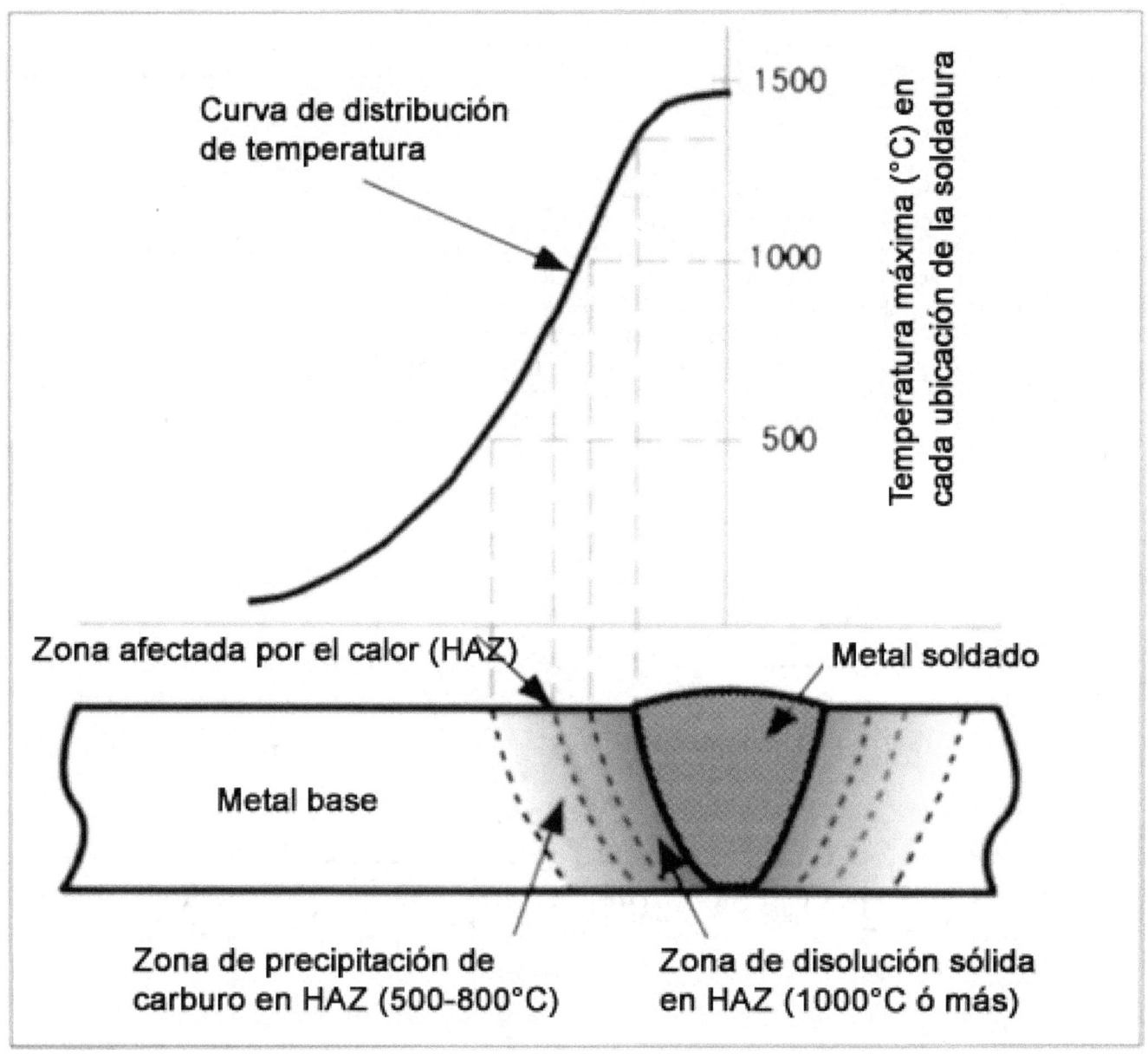

SOLDADURAS A TOPE

Nomenclatura.

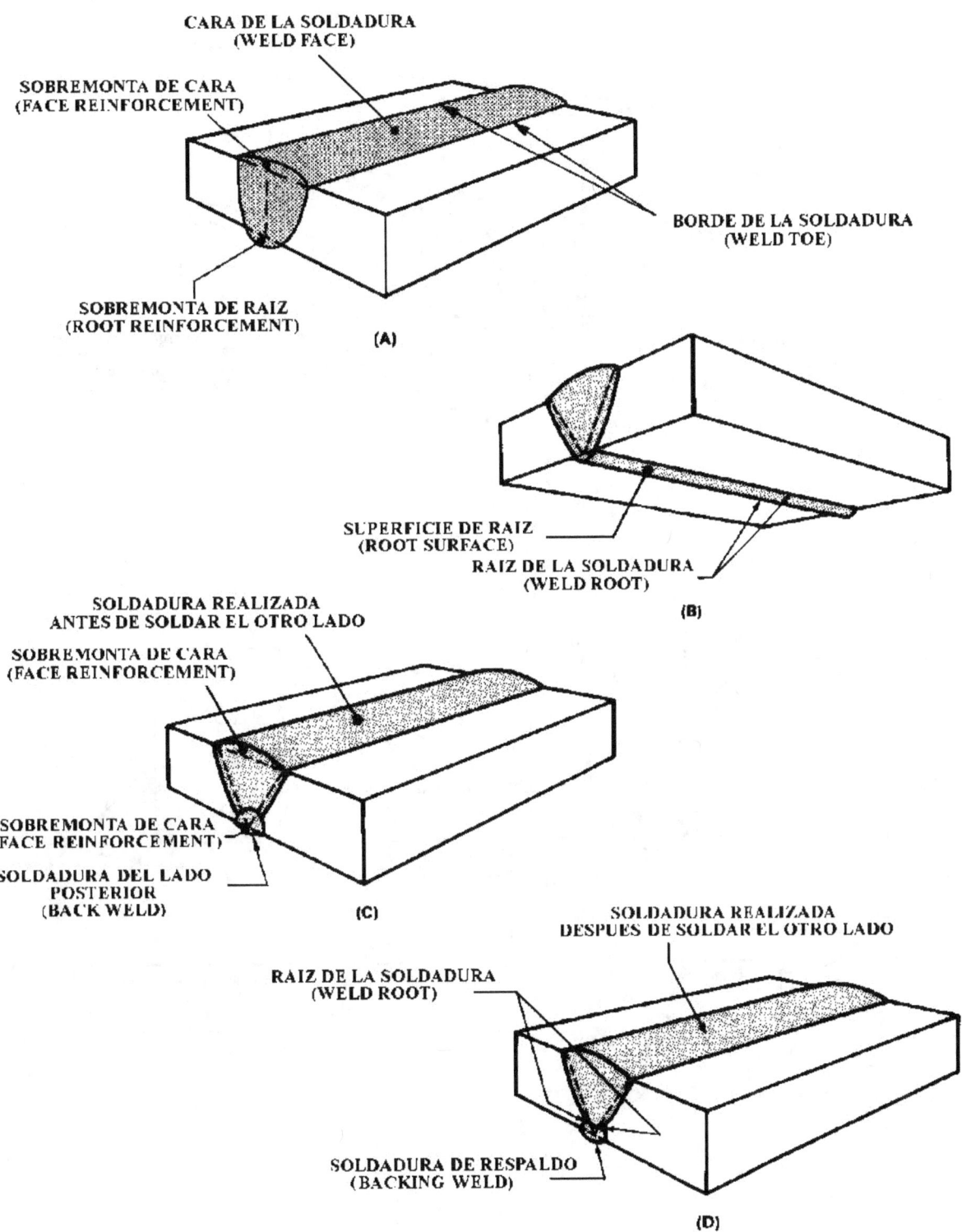

SOLDADURAS DE FILETE

Nomenclatura y Dimensiones.

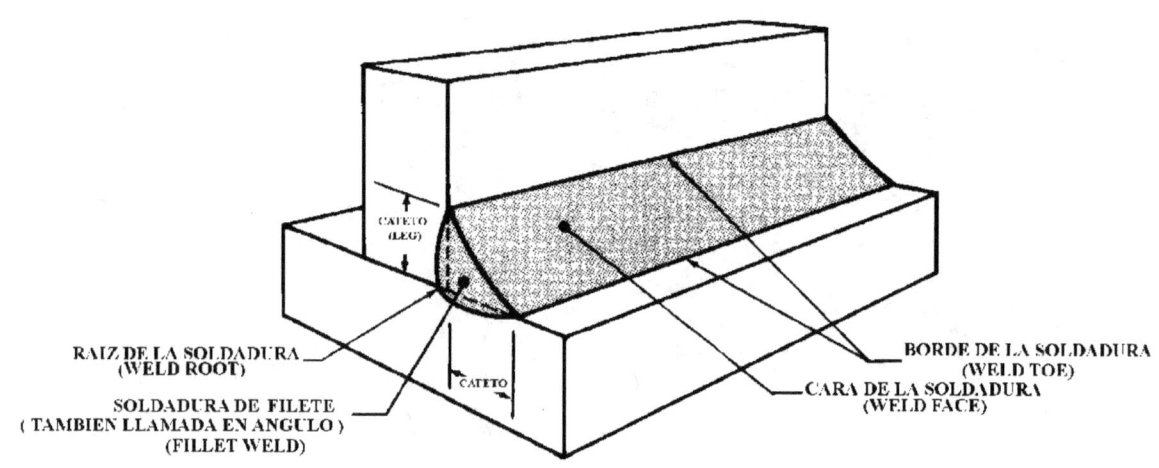

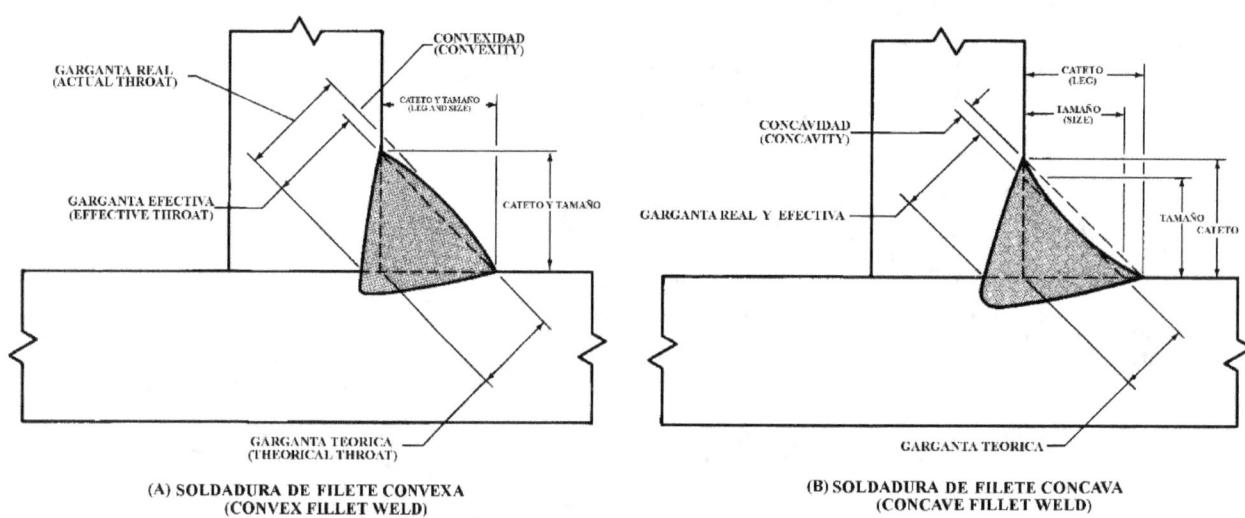

(A) SOLDADURA DE FILETE CONVEXA
(CONVEX FILLET WELD)

(B) SOLDADURA DE FILETE CONCAVA
(CONCAVE FILLET WELD)

RAÍCES DE SOLDADURA

Tope y filete.

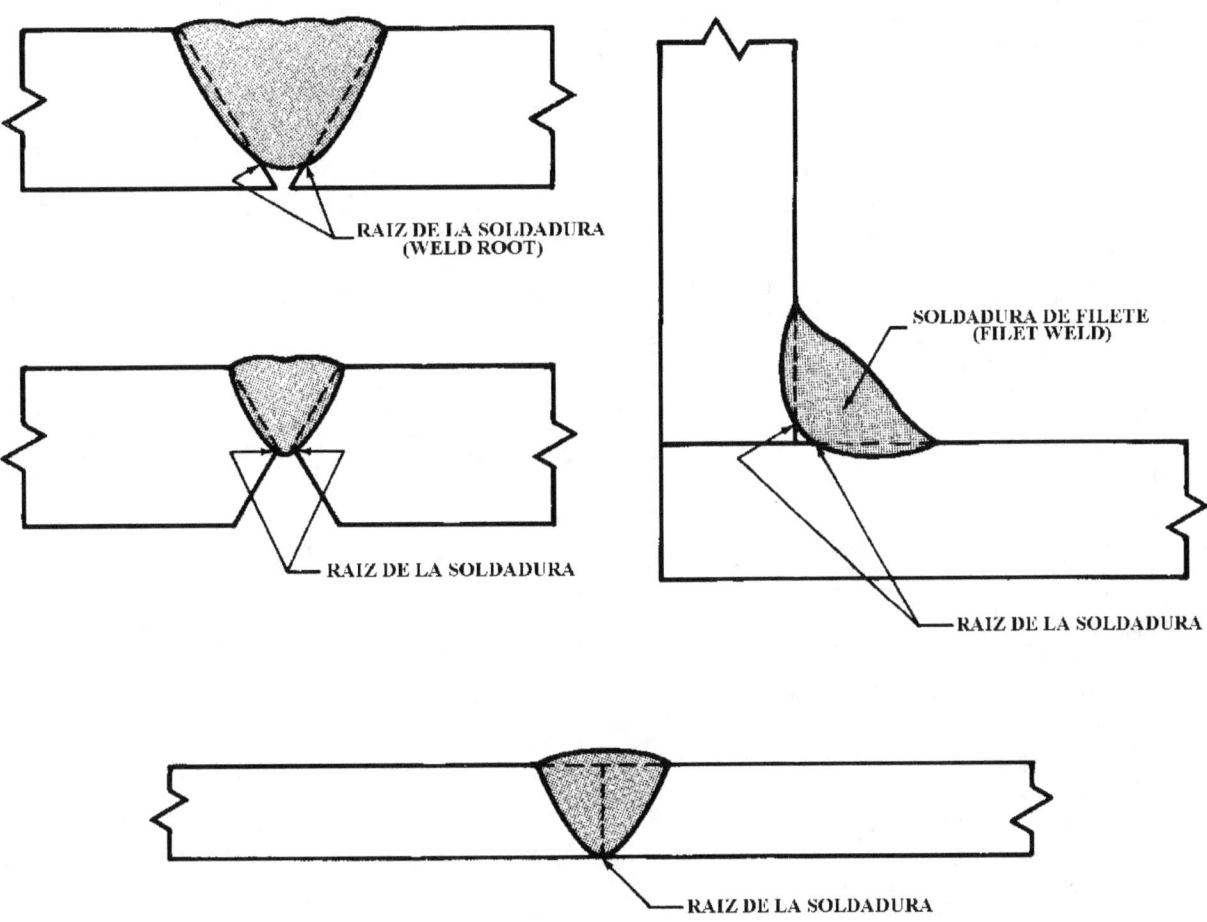

FUSIÓN DE LA SOLDADURA

Completa e incompleta.

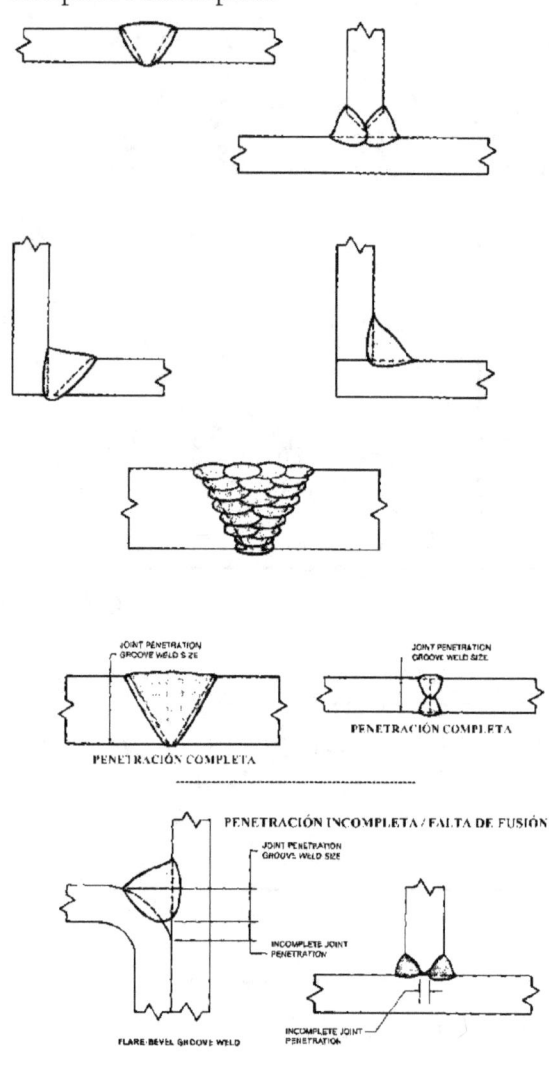
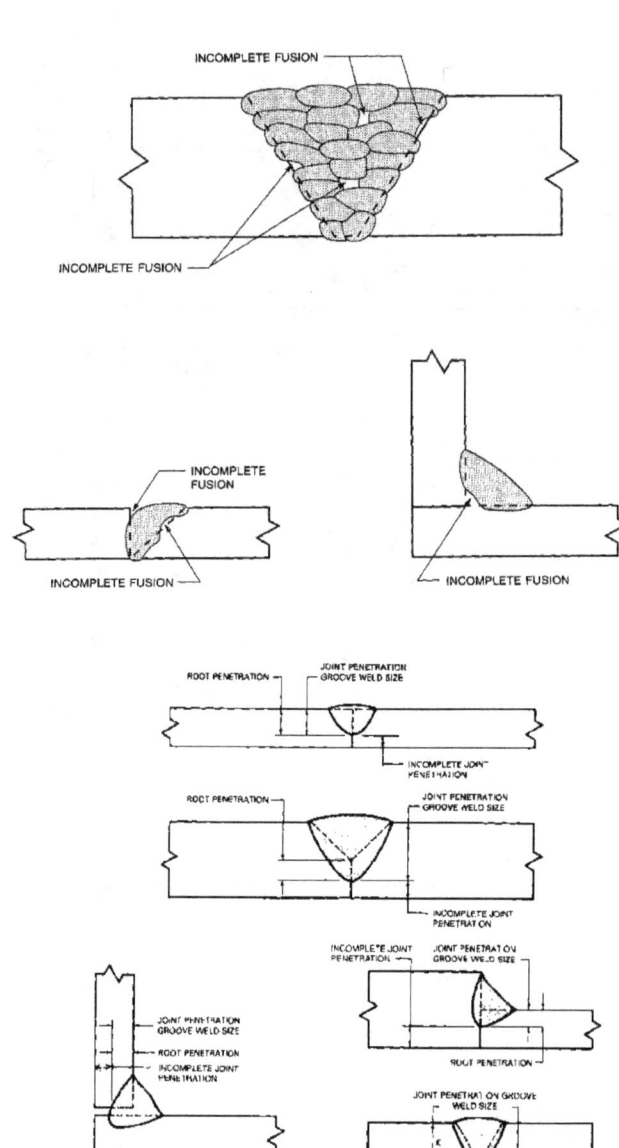

DEFECTOS DE LA SOLDADURA

Fisuras.

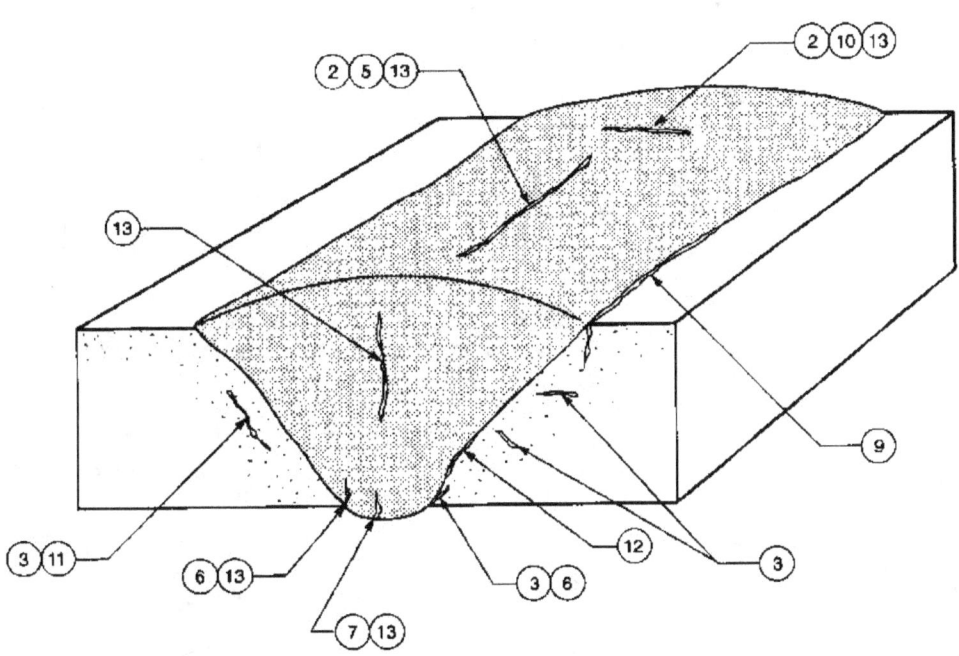

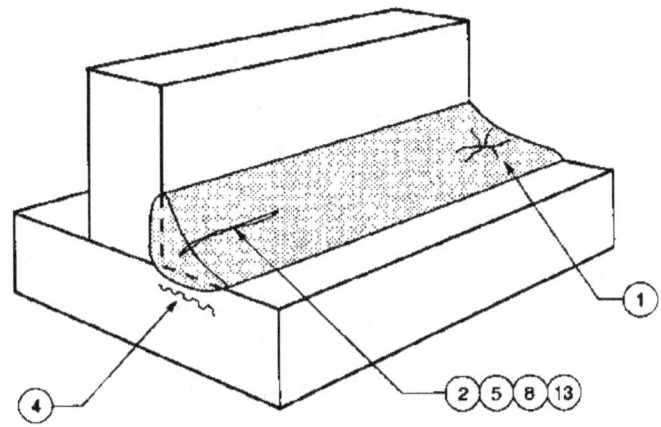

LEGEND:
1. CRATER CRACK
2. FACE CRACK
3. HEAT-AFFECTED ZONE CRACK
4. LAMELLAR TEAR
5. LONGITUDINAL CRACK
6. ROOT CRACK
7. ROOT SURFACE CRACK
8. THROAT CRACK
9. TOE CRACK
10. TRANSVERSE CRACK
11. UNDERBEAD CRACK
12. WELD INTERFACE CRACK
13. WELD METAL CRACK

1. Fisura tipo cráter
2. Fisura de cara
3. Fisura de ZAT
4. Desgarramiento laminar
5. Fisura longitudinal
6. Fisura de raíz
7. Fisura superficial de raíz
8. Fisura de garganta
9. Fisura de borde
10. Fisura transversal
11. Fisura bajo depósito
12. Fisura en la interface
13. Fisura del metal de soldadura

Crack Types
(Tipos de fisuras)

Socavaduras de raíz y cara.

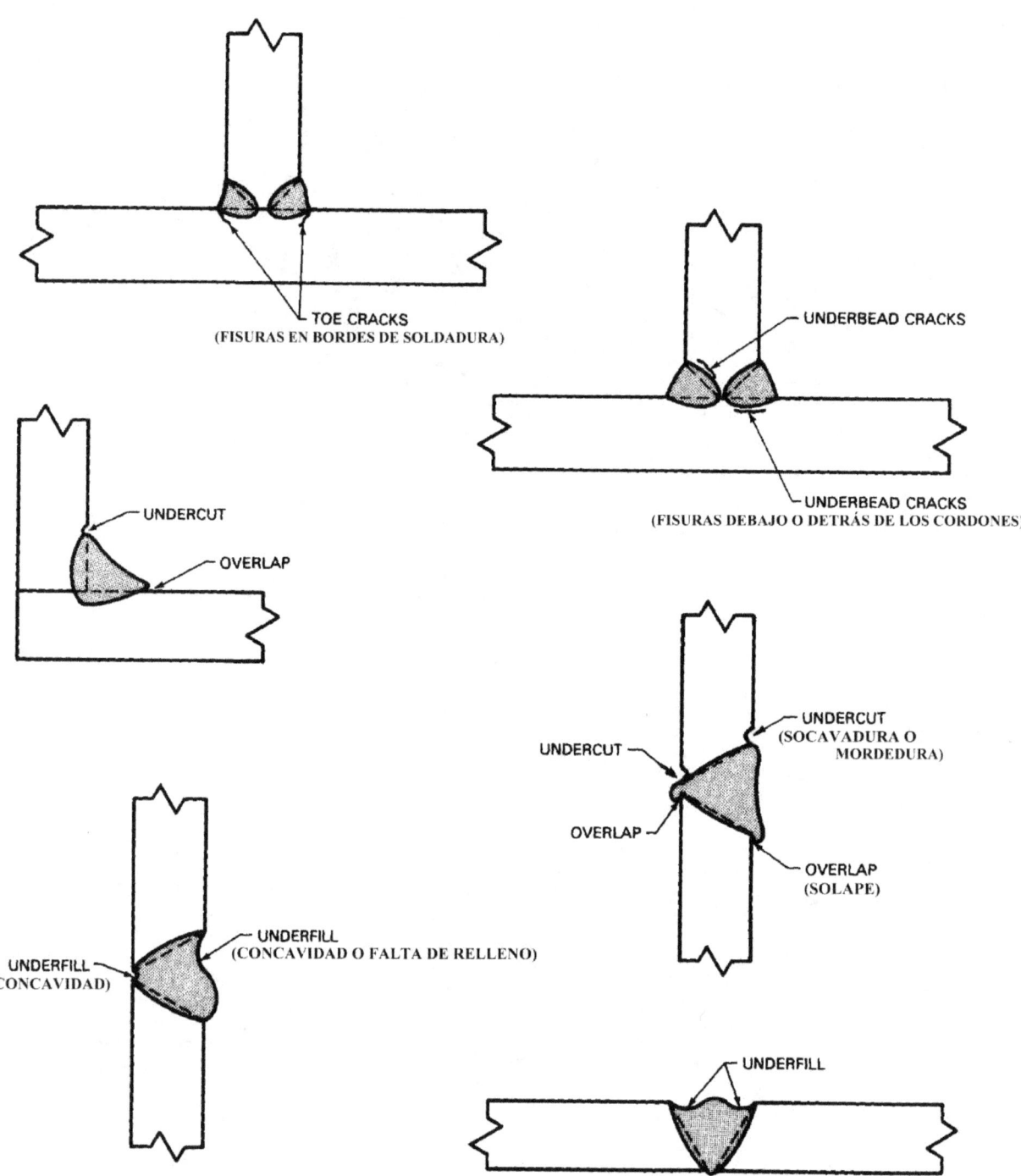

Solape

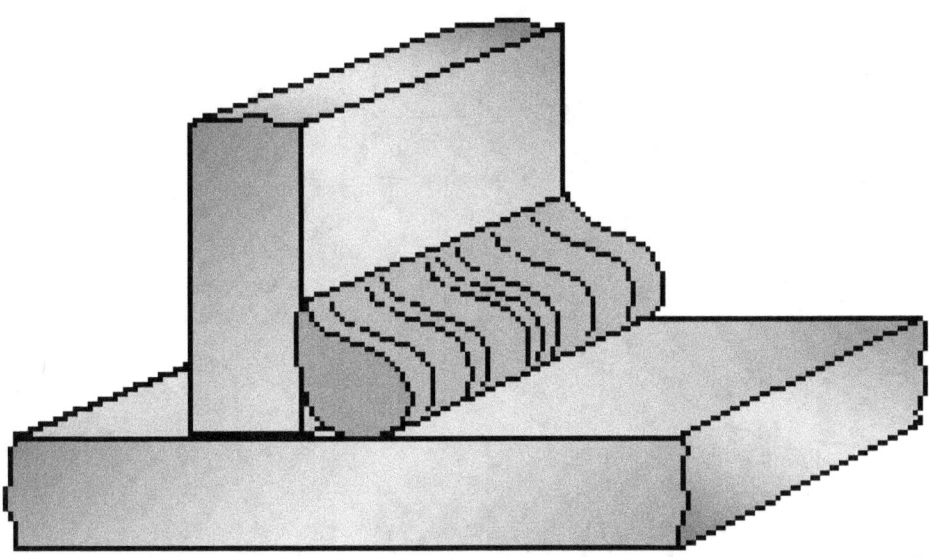

Desalineación (Hi-Low)

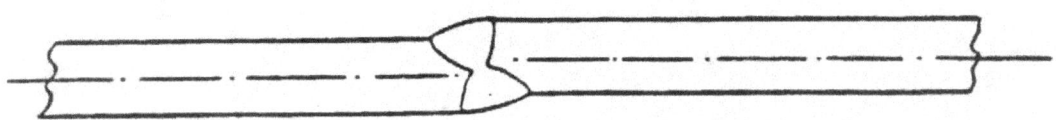

DESALINEACION

Sobremonta y Golpes de arco.

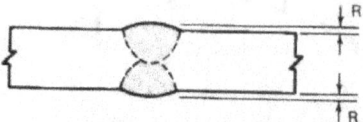

SOBREMONTA EXCESIVA (Refuerzo R excesivo)

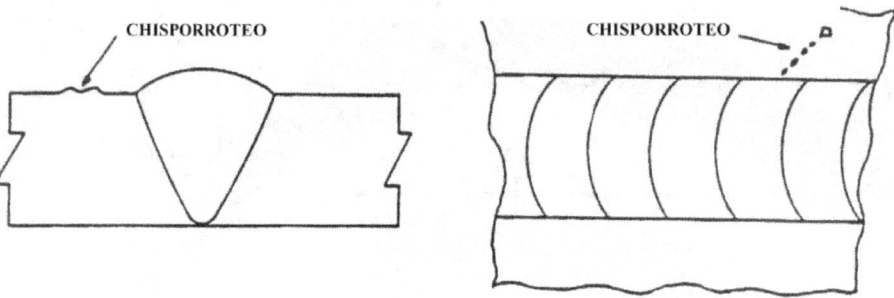

**APERTURA DE ARCO
EN METAL BASE FUERA DE LA SOLDADURA
(CHISPORROTEO)**

Salpicaduras.

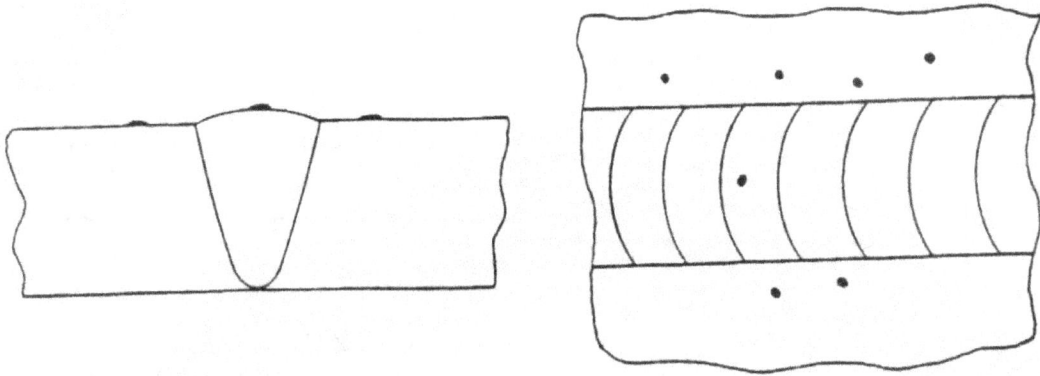

SALPICADURAS

Penetración excesiva.

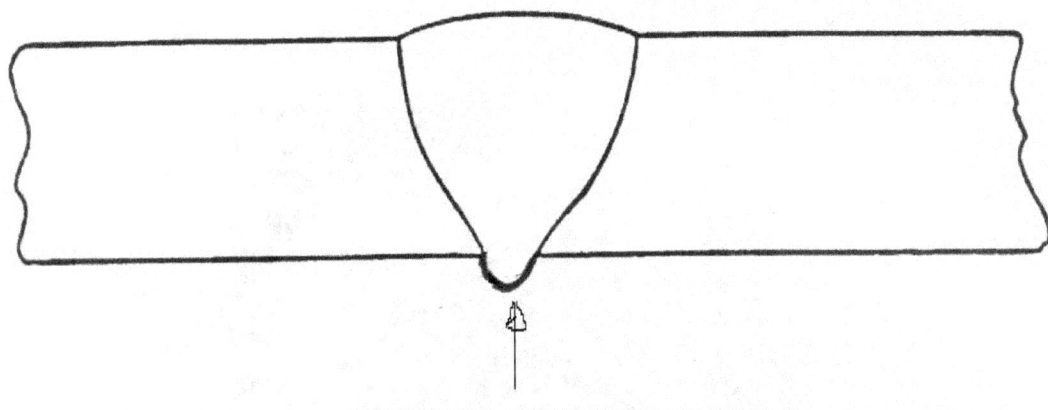

Rechupe.

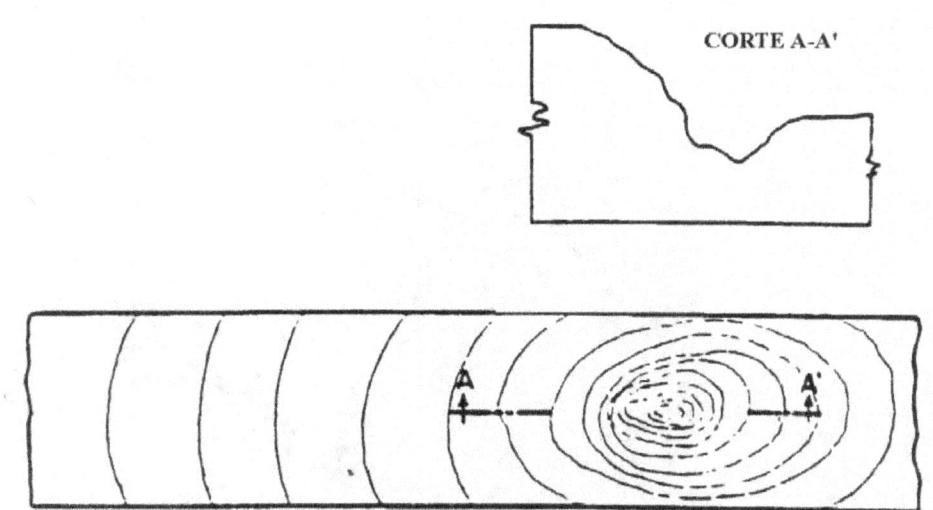

EJEMPLO DE FALLAS EN SOLDADURA

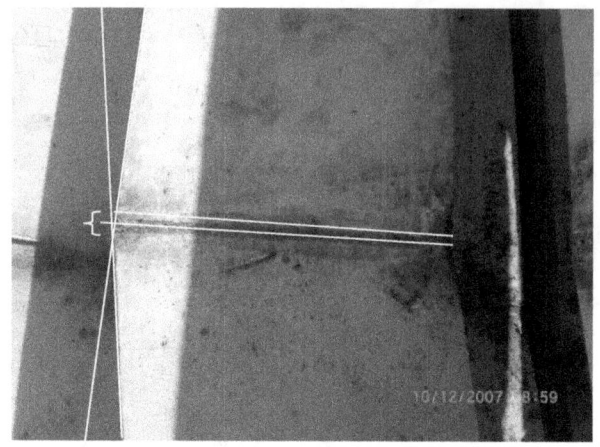

Desalineación.

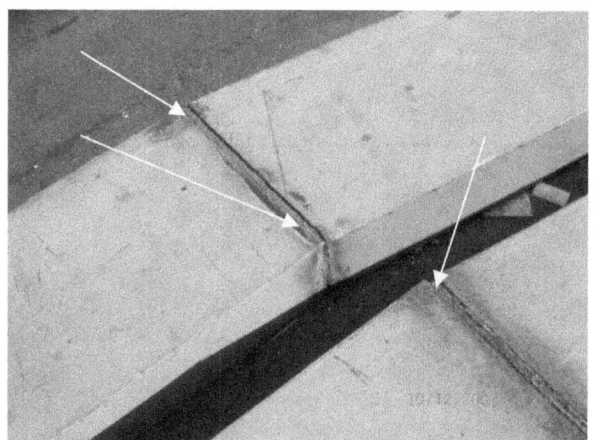

Falta de material

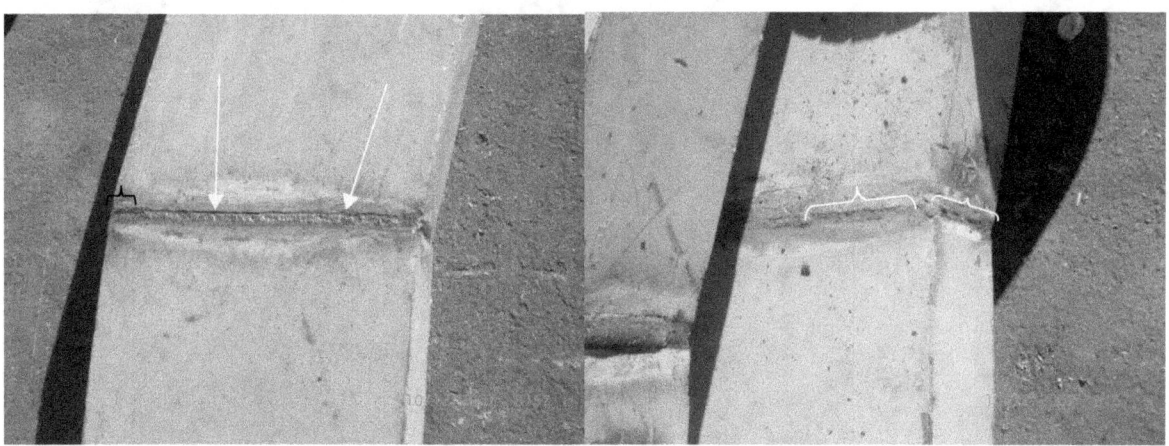

En la foto izquierda se nuestra socavación y falta de material del material de aporte, debe ser desbastada y vuelta a aplicar.

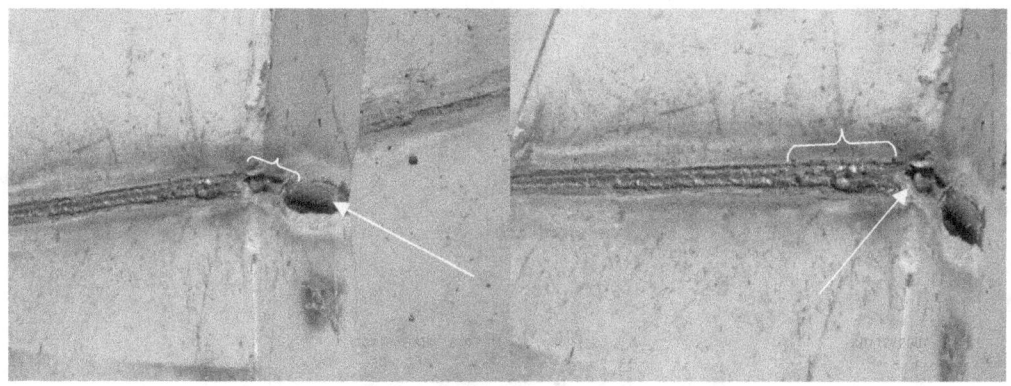

Técnicas de acabado del cordón inadecuadas y cordón de soldadura no uniforme, atribuido a velocidad inadecuada de soldadura.

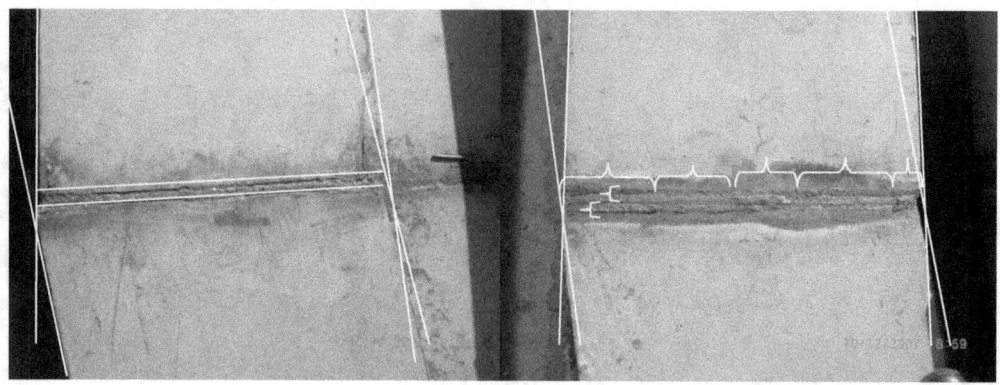

La foto izquierda muestra una desalineación doble, la de la derecha 5 velocidades de avance y dos cordones perfectamente diferenciados, así como desalineación.

Acabado final, con socavación de material de aporte, por exceso de corriente.

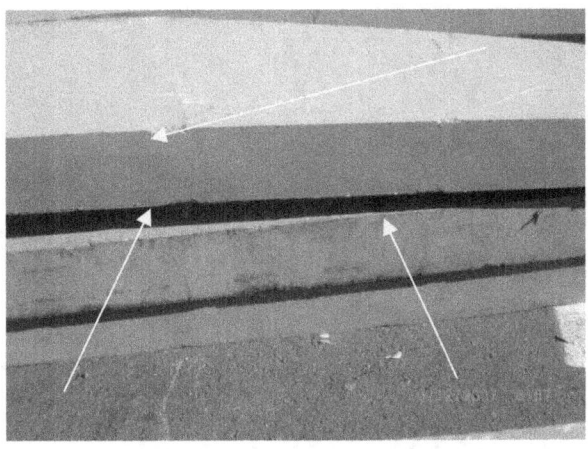

Daño en la estructura por exceso de corriente.

En general se observa que la capa de escoria no es removida para realizar las soldaduras, lo cual contribuye a debilitar la estructura, ya mayor parte de las socavaciones observadas se atribuyen a esto.

8 CAUSA Y SOLUCIONES EN PROBLEMAS COMUNES DE SOLDADURA

a) Soldadura porosa:
   Causas:

   I)   Arco excesivamente muy corto o largo.
   II) Corriente eléctrica utilizada en el proceso es demasiado alta.
   III) Gas de protección insuficiente o húmedo.
   IV) Demasiado rápido la acción de depósito del material de aporte (Velocidad de deposición).
   V)   Superficie del metal base cubierta con aceite grasa, humedad costras de metal, derrumbe.
   VI) Electrodo húmedo, sucio o dañado.

   Soluciones:

   I)   Mantenga un arco eléctrico conveniente.
   II) Use la intensidad de corriente justa.
   III) Incrementa la rata de flujo del gas y haga un chequeo de la pureza de mismo.
   IV) Reduzca la velocidad de deposición.
   V)   Antes de efectuar la soldadura limpie apropiadamente el metal base. Mantenga y almacene el electrodo en forma apropiada.

b) Soldadura agrietada:
   Causas:

   I)   Tamaño de soldadura insuficiente
   II) Sujeción excesiva de la junta.
   III) Pobre diseño de la junta y/o pobre preparación de la misma.
   IV) El metal de aporte no es compatible con el metal base.
   V)   Rata de enfriamiento muy rápido.
   VI) Superficie del metal base cubierta con aceite, grasa humedad, derrumbe, sucio o contra de metal,

   Soluciones:

   I)   Ajuste el tamaño de la soldadura al espesor de las partes a soldar.
   II) Reduzca la sujeción de la junta usando un diseño apropiado.
   III) Seleccione el diseño de la junta corrección.
   IV) Use un material de aporte más dúctil
   V)   Reduzca la rata de enfriamiento a través de un precalentamiento.

VI) Antes de efectuar la soldadura limpie apropiadamente el metal de base.

c) Soldadura con socavación:
Causas:

I) Manipulación defectuosa del electrodo,
II) Intensidad de la corriente eléctrica utilizada en el proceso muy alto.
III) Demasiado alto al arco eléctrico.
IV) Demasiado rápido la acción de depósito del material de aporte (velocidad de deposición).
V) Desviación del arco o soplo magnético del arco.

Soluciones:

I) Haga una pausa en cada lado del pase de soldadura cuando utilice el cordón de "tejido" o de "vaivén" y se usen los propios ángulos de posición del electrodo.
II) Use la intensidad de corriente puesta tanto para el tamaño del electrodo como para la posición a utilizar en el proceso de soldadura.
III) Reduzca la longitud del arco.
IV) Reduzca la velocidad de posición del material de aporte.
V) Reduzca los efectos de la desviación del arco o soplo magnético del arco.

d) Distorsión:
Causas:

I) Soldadura provisional o por puntos incorrecta yo preparación de la junta en forma defectuosa.
II) Secuencia de los pases incorrecta.
III) Montaje impropio y la sujeción con plantilla es incorrecta.
IV) Tamaño de la soldadura excesivo (es altamente grande).

Soluciones:

I) Suelde provisionalmente o por puntos las partes en cuestión, dejando tolerancia para la distorsión.
II) Use una secuencia de pase propia o correcta.
III) Suelde provisionalmente o engrape todas las partes en forma segura.
IV) Haga las soldaduras a un tamaño a especificado.

e) Salpicadura:
Causas:

I) Desviación del arco soplo magnético del arco.
II) Intensidad de la corriente demasiado alta.
III) Demasiado largo el arco eléctrico.
IV) Electrodo húmedo, sucio o dañado.

Soluciones:

I) Intente reducir el efecto de desviación del arco.
II) Reduzca la intensidad de la corriente.
III) Reducir la longitud del arco.

IV) Mantenga y almacene el electrodo en forma apropiada.

f) Falta de fusión:
Causas:

I) Velocidad de posición impropia.
II) La intensidad de la corriente utilizada es muy .baja.
III) Preparación defectuosa de la junta.
IV) Diámetro del electrodo demasiado grande.
V) Soplo magnético del arco.
VI) Uso de ángulo erróneo con respecto a la posición del electrodo.

Soluciones:

I) Reduzca la velocidad de deposición del material de aporte.
II) Incremente la intensidad de corriente. -
III) El diseño de la soldadura debe permitir el acceso del electrodo a toda la superficie en el área de la junta.
IV) Reduzca el diámetro del electrodo.
V) Reduzca los efectos de desviación del arco.
VI) Use los ángulos de posición del electrodo, adecuados.

g) Sobremonta:
Causas:

I) Acción de deposición del material de aporte demasiado lenta (muy baja velocidad de deposición).
II) Uso de un ángulo incorrecto con respecto a la posición del electrodo.
III) Diámetro del electrodo demasiado grande.

Soluciones:

I) Incremente la velocidad de deposición.
II) Use los ángulos de posición del electrodo, correcto
III) Utilice un diámetro del electrodo un poco más pequeño.

h) Pobre penetración:
Causas:

I) Velocidad de deposición del material de aporte demasiado alta.
II) Intensidad de corriente demasiado baja.
III) Pobre diseño de la junta y/o pobre preparación de la misma.
IV) Demasiado grande en diámetro del electrodo.
V) Tipo ce electrodo erróneo.
VI) Excesivamente largo el arco eléctrico.

Soluciones:

I) Disminuya la velocidad de deposición
II) Incrementa la intensidad de corriente.
III) Incrementa la abertura de la raíz o disminuya la cara de la mismas
IV) Use electrodos más pequeños.
V) Use electrodo con características de penetración más profundas.

VI) Reduzca la longitud del arco eléctrico.

i) Soplo magnético:
Causas:

I) Campo magnético desequilibrado durante el proceso de soldadura.
II) Magnetismo excesivo en las partes a soldar o en las plantillas de sujeción.

En general:

Cambia la posición de conexión a tierra la cual se encuentra sobre la pieza.

j) Inclusiones:
Causas:

I) Extracción incompleta de escorias entre pares.
II) Velocidad de deposición errática.
III) Muy ancho el movimiento de "vaivén" o de tejido.
IV) Electrodo demasiado grande.
V) Se permite que la escoria se desplace en frente del arco.
VI) Chisporroteo de tungsteno o adhesión del mismo.

Soluciones:

I) Extraiga completamente la escoria entre pases.
II) Use una velocidad de deposición de material de aporte uniforme.
III) Reduzca el ancho del movimiento dado en la técnica del "vaivén" o de tejido.
IV) Use un electrodo más pequeño en diámetro, para tener mejor acceso a la junta.
V) Incremente la velocidad de deposición o cambie el ángulo de posición del electrodo o reduzca la longitud del arco.
VI) Prepare el tungsteno apropiadamente / use la propia corriente.

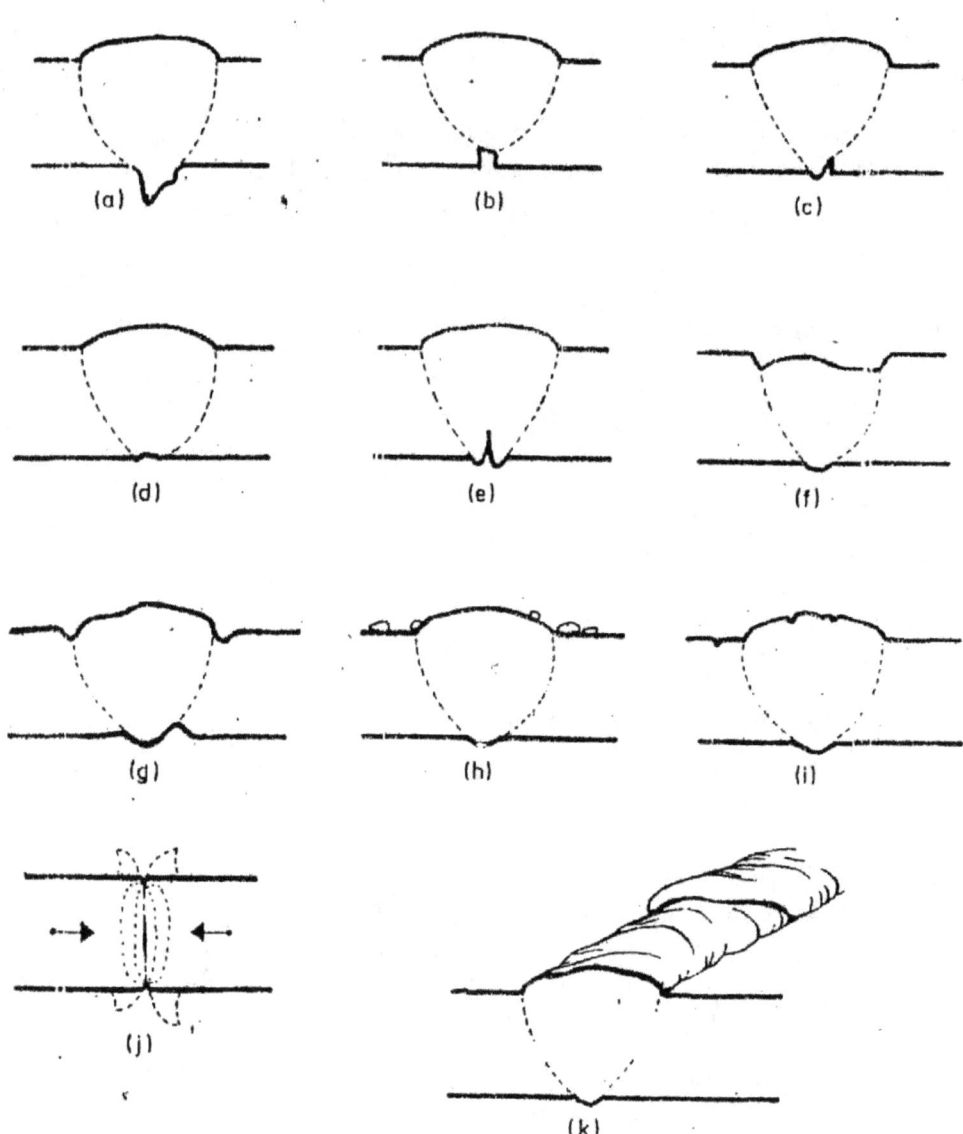

Fig. 49A Discontinuidades e imperfecciones superficiales en uniones soldadas.

a. Descolgadura

b. Falta de penetración.

c. Faltas de fusión y penetración parcial

d. Raíz cóncava

e. Raíz rechupada

f. Falta de relleno

g. Mordeduras

h. Salpicaduras

i. Picaduras

j. Labios

k. Falta de continuidad.

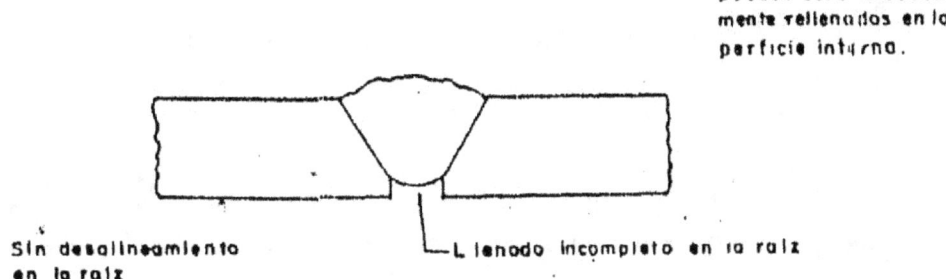

Figura No. 1
PENETRACION INADECUADA EN LA RAIZ DE LA SOLDADURA

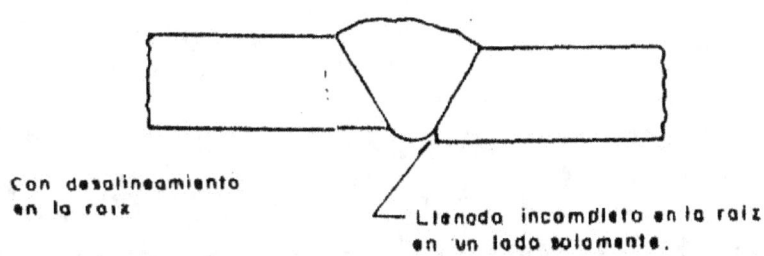

Aceptable solamente dentro de los limites del PARRAFO 6.3.2

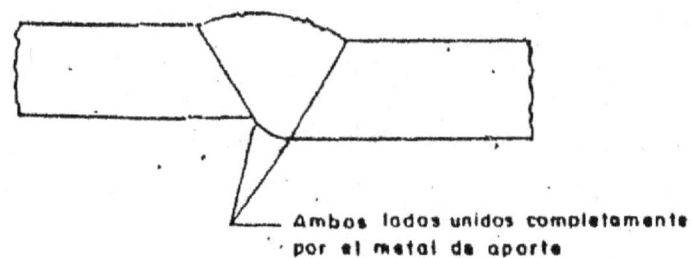

Figuro No. 2

Puede aceptable, ver PÁRRAFO 6.3.2

CONDICIÓN DE DES-ALINEAMIENTO

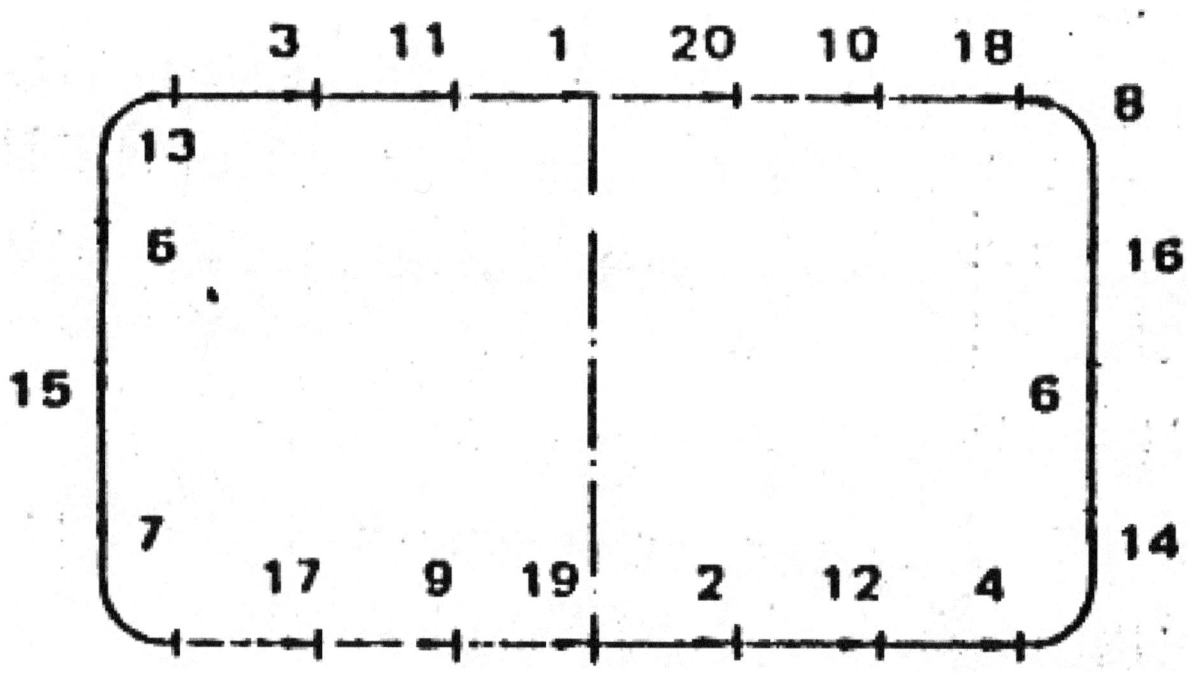

FIG SECUENCIA CORRECTA DE SOLDADURA DE UN PARCHE.

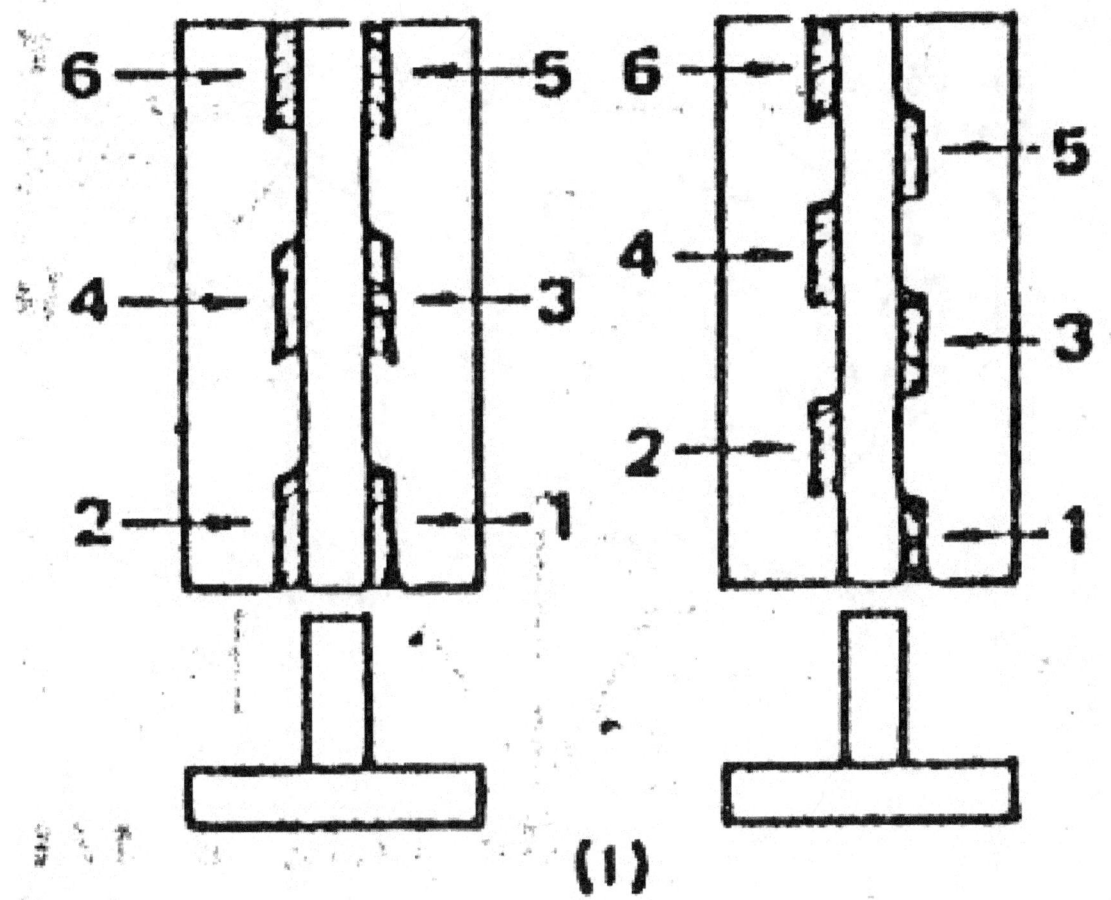

FIG SECUENCIA CORRECTA DE SOLDADURA EN JUNTA DE FILETE

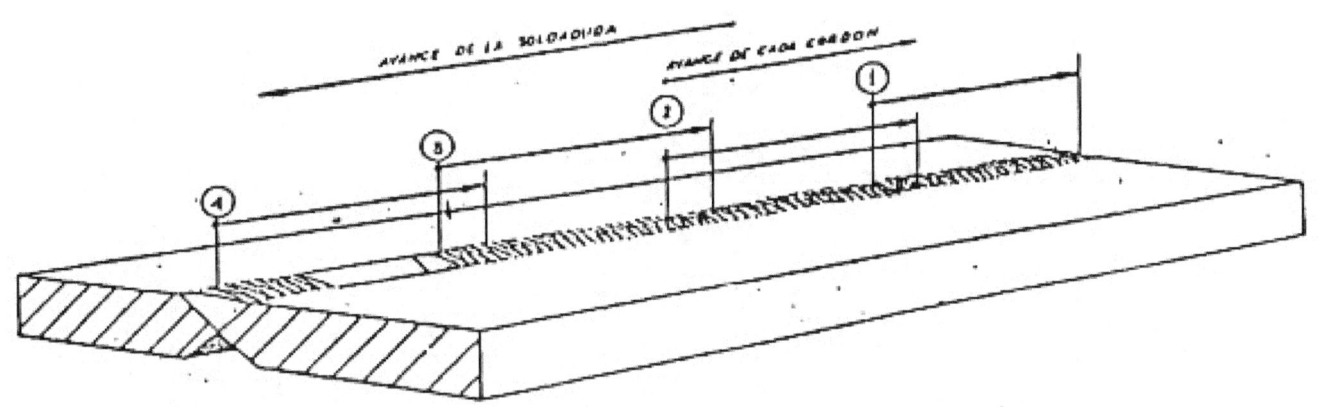

FIG SECUENCIA CORRECTA PARA EL TRAZADO DE UN CORDÓN DE SOLDADURA

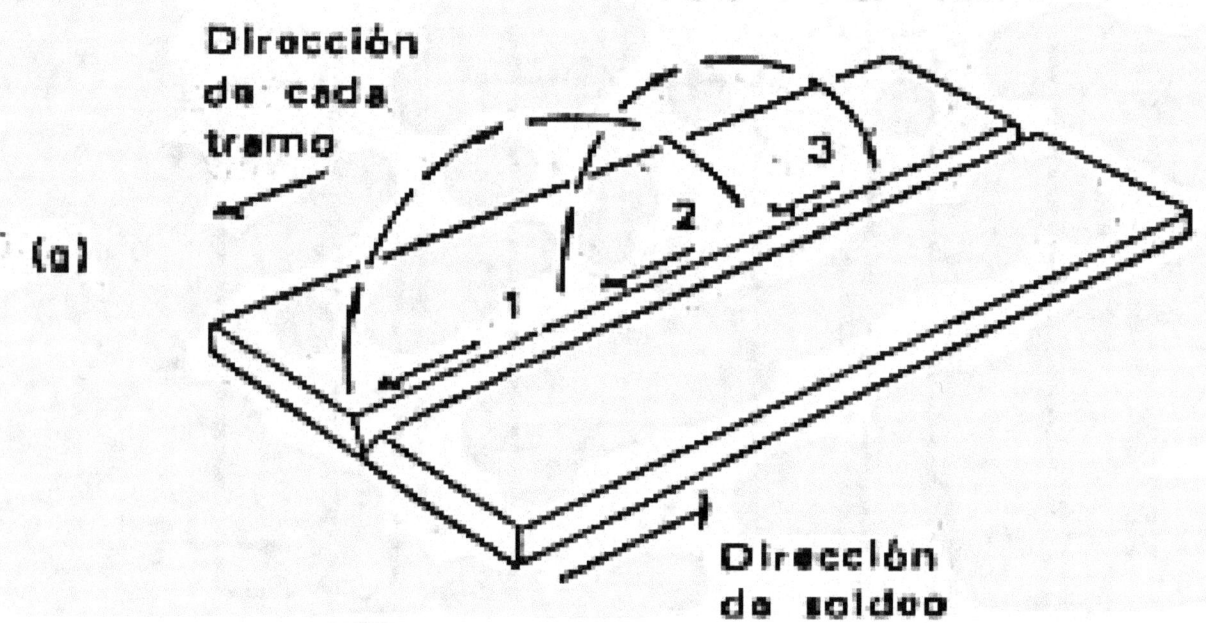

FIG DETALLA DE LA SECUENCIA DE COLOCACIÓN DE CORDONES

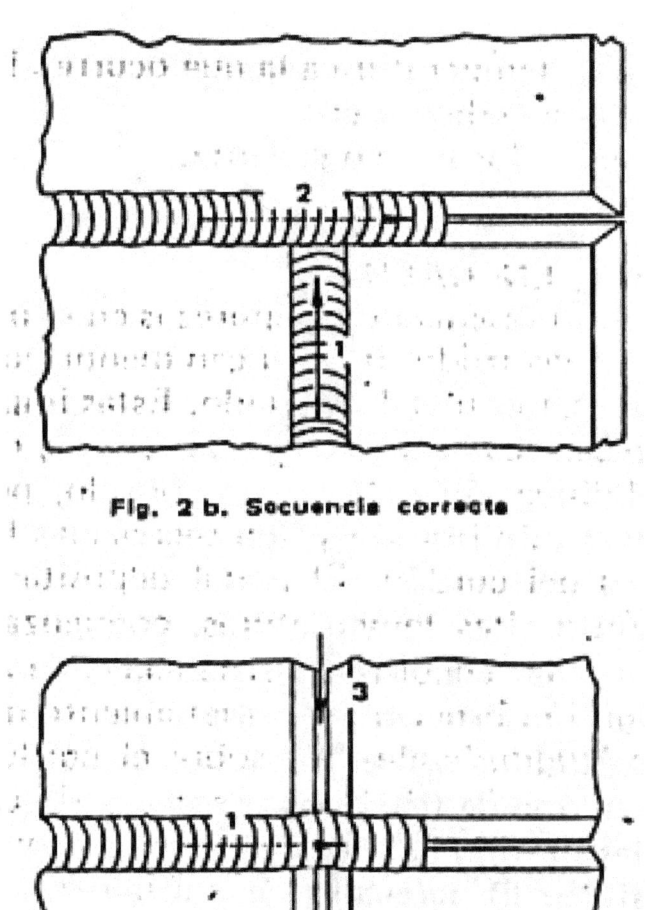

Fig. 2 b. Secuencia correcta

Fig. 3 a. Secuencia incorrecta

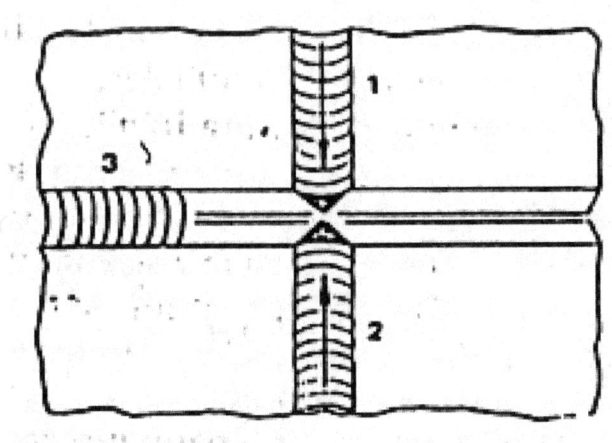

Fig. 3 b. Secuencia correcta

FIG SECUENCIAS DE COLOCACIÓN DE CORDONES.

9 TÉCNICAS DE INSPECCIÓN SUPERFICIAL

> **ADVERTENCIA:**
> la presente sección constituye información adicional al soldador, al capataz y al supervisor de soldadura con respecto a la inspección, en el marco de la calidad cada artesano es el responsable de la calidad de su trabajo, eso no lo califica automáticamente como inspector, simplemente le obliga a entender los requerimientos para la inspección y que cubre el artesano como proveedor del proceso.

Son aquéllas en la que sólo se comprueba la integridad superficial de un material y con las que se detectan discontinuidades que están abiertas a la superficie, en ésta o a profundidades menores de 3 mm. Los métodos de Inspección Superficial por lo general se aplican en combinación, ya que la inspección visual y los líquidos penetrantes detectarán cualquier discontinuidad abierta a la superficie, pero las partículas magnéticas y el electromagnetismo detectarán discontinuidades superficiales, siempre y cuando no sean nada profundas. Las técnicas de Inspección Superficial que más frecuentemente se emplean son:

- INSPECCIÓN VISUAL (VT).
- PARTÍCULAS MAGNÉTICAS (MT).
- LÍQUIDOS PENETRANTES (PT).
- ELECTROMAGNETISMO (ET).

INSPECCIÓN VISUAL

Esta es una técnica que requiere de una gran cantidad de información acerca de las características de la pieza a ser examinada, para una acertada interpretación de las posibles indicaciones. Esté ampliamente demostrado que cuando se aplica correctamente como inspección preventiva, detecta problemas que pudieran ser mayores en los pasos subsecuentes de producción o durante el servicio de la pieza. Aun cuando para ciertas aplicaciones no es recomendable, es factible detectar muchos problemas en casos determinados, mediante la inspección realizada por una persona bien entrenada.

Una persona con "ojo entrenado" es alguien que ha aprendido a ver las cosas en detalle, al principio todos asumimos que es fácil adquirir esta habilidad; sin embargo, requiere de ardua preparación y experiencia.

REQUISITOS DE LA INSPECCIÓN VISUAL

Como ya se mencionó en la introducción, un requisito para los individuos que realizan o se seleccionan para realizar la Inspección Visual es un examen de la agudeza visual cercana y lejana cada 6 o 12 meses y de ser necesario por prescripción médica el uso de lentes por parte del Inspector, éste deberá emplearlos para toda labor de inspección e interpretación de indicaciones. Cabe aclarar que este examen únicamente verifica que la persona posee una vista con cierto nivel de sensibilidad.

Para algunas actividades de inspección, el examen de discriminación cromática se aplica a fin de comprobar que el inspector pueda detectar variaciones de color o tonos cromáticos, ya que en algunos casos es crítica la detección de pequeñas variaciones de un tono de color o la apreciación de un color en particular, principalmente en aplicaciones de la industria aeronáutica o nuclear; dicho examen sólo se realiza una vez ya que el daltonismo es una alteración genética y no es corregible.

El siguiente paso en el entrenamiento y actualización del personal que realiza la inspección visual es aprender qué tipo de discontinuidades pueden detectarse visualmente y cuáles son las que aparecen con más frecuencia a partir de ciertas condiciones. Este punto involucra el conocimiento que tenga el Inspector en cuanto a la historia previa de la pieza que está en examen.

HERRAMIENTAS PARA LA INSPECCIÓN VISUAL.

Tal vez uno de los mayores problemas de la aplicación de la Inspección Visual es enseñar y hacer comprender a los Inspectores que no se puede ver todo tan sólo con la observación directa y que en algunas ocasiones es necesario saber leer planos y dibujos técnicos; o bien, saber emplear diferentes instrumentos que pueden ser equipos de metrología dimensional o de observación directa; ya que actualmente existe una amplia variedad de instrumentos para ayudar a la Inspección Visual y que son:

1. Lentes de aumento o lupas, Normalmente tienen aumentos de 5X y de 10X, como máximo para los estudios llamados macroscópicos. Sus ventajas son tener un costo bajo y que abarcan una amplia área de inspección.
2. Sistemas de interferencia cromática o con luz polarizada. - Consisten en emplear luz polarizada sobre una superficie reflejante y por medio de los patrones cromáticos,
3. El diseñó el primer endoscopio que empleaba una lente para focalizar la imagen y que recibió el nombre de cistoscopio. Posteriormente, en 1928, el Sr. Baird obtuvo una patente industrial por la primera aplicación de las fibras ópticas para la transmisión de imágenes. Dos años más tarde, O. W. Hansell obtuvo una patente por la invención que consistía en el empleo de las fibras óptica para transmitir la luz.

Con estos avances, se fabricaron de forma comercial los primeros endoscopios; sin embargo, eran rígidos, lo que limitaba sus aplicaciones tanto en el campo industrial como en el médico y no fue sino hasta 1955 que los doctores Curtis y Hirschowitz lograron desarrollar y mejorar el primer endoscopio clínico flexible, que empleaba fibras ópticas como medio de transmisión de la luz y de la imagen. Este desarrollo tecnológico pronto tuvo aplicaciones industriales en la inspección de equipos que no son fáciles de desarmar, como es el caso de las turbinas.

Los primeros endoscopios flexibles fueron de gran utilidad, por ser lo suficientemente versátiles para la inspección de partes interiores de maquinaria, con lo que se eliminaba pérdida de tiempo al no ser necesario desarmar y armar equipos complejos sólo pata conocer su estado interior; sin embargo, estos endoscopios tenían el problema de que la imagen obtenida no era del todo clara y nítida, como la lograda con los endoscopios rígidos, motivo por el cual, para realizar un examen confiable, se requería de al menos dos endoscopios: uno rígido con lentes ópticas y otro flexible con fibras ópticas.

Hasta este punto se había eliminado la mayoría de los problemas técnicos de los nuevos instrumentos, pero persistía el problema de la fatiga visual del inspector. Así que la siguiente generación de endoscopios adicionó el empleo de las cámaras y monitores de video. Estos primeros equipos eran muy voluminosos, altamente dependientes de la iluminación y sólo permitían imágenes de baja resolución en blanco y negro.

Las limitantes principales para mejorar la imagen eran dos: el sistema de iluminación, que fue mejorado empleando luz láser o los diodos luminiscentes (LED's); la otra limitante era el sistema de registro, ya que las fibras ópticas y las lentes no daban la calidad de imagen deseada.

En 1970, el Dr. Boyle desarrolló un semiconductor de silicio capaz de registrar una imagen y convertirla en una señal, que, podía ser grabada por medios digitales o analógicos, obteniéndose así el primer sistema de registro de imágenes al estado sólido, conocido como CCD (Charge Coupled Device).

LÍQUIDOS PENETRANTES, PARTÍCULAS MAGNÉTICAS O ELECTROMAGNETISMO.

- Puede detectar y ayudar en la eliminación de discontinuidades que podrían convertirse en defectos.
- El costo de la Inspección Visual es el más bajo de todos los Ensayos no Destructivos, siempre y cuando sea realizada correctamente.

LIMITACIONES DE LA INSPECCIÓN VISUAL.

- La calidad de la Inspección Visual depende en gran parte de la experiencia y conocimiento del Inspector.
- Está limitada a la detección de discontinuidades superficiales.
- Cuando se emplean sistemas de observación directa, como son las lupas y los endoscopios sencillos, la calidad de la inspección dependerá de la agudeza visual del Inspectora de la resolución del monitor de video.
- La detección de discontinuidades puede ser difícil si las condiciones de la superficie sujeta a inspección no son correctas.

LÍQUIDOS PENETRANTES.

La inspección por Líquidos Penetrantes es empleada para detectar e indicar discontinuidades que afloran a la superficie de los materiales examinados.

En términos generales, esta prueba consiste en aplicar un líquido coloreado o fluorescente a la superficie a examinar, el cual penetra en las discontinuidades del material debido al fenómeno de capilaridad. Después de cierto tiempo, se remueve el exceso de penetrante y se aplica un revelador, el cual generalmente es un polvo blanco, que absorbe el líquido que ha penetrado en las discontinuidades y sobre la capa de revelador se delinea el contorno de ésta.

Actualmente existen 18 posibles variantes de inspección empleando este método; cada una de ellas ha sido desarrollada para una aplicación y sensibilidad especifica. Así por ejemplo, si se requiere detectar discontinuidades con un tamaño de aproximadamente medio milímetro (0.012" aprox.), debe emplearse un penetrante fluorescente, removible por post-emulsificación y un revelador seco. Por otra parte, si lo que se necesita es detectar discontinuidades mayores a 2.5 mm. (0.100" aprox.), conviene emplear un penetrante contrastante, lavable con agua y un revelador en suspensión acuosa.

Una vez seleccionado uno o varios proveedores, nunca se deberán mezclar sus productos; como por ejemplo, emplear el revelador del proveedor A con un penetrante del proveedor B o un penetrante de una sensibilidad con un revelador de otra sensibilidad, aunque ambos sean fabricados por el mismo proveedor.

SECUENCIA DE LA INSPECCIÓN.

Para la inspección por Líquidos Penetrantes, se deben realizar varias operaciones previas, las cuales varían poco y dependen del tipo de penetrante que se emplee:

- Limpieza Previa: En toda pieza o componente que se inspeccione por este método, se deben eliminar de la superficie todos los contaminantes, sean estos óxidos, grasas, aceite, pintura, etc., pues impiden al penetrante introducirse en las discontinuidades. Normalmente la limpieza previa se realiza en dos pasos; el primero es propiamente una pre-limpieza en la que se pueden emplear medios químicos o mecánicos para remover los contaminantes de la superficie; y el segundo, que consiste en la limpieza con un solvente (removedor) que sea afín con el penetrante que se empleará en la inspección. Todo esto con el fin de que las posibles indicaciones queden limpias y permitan la fácil entrada del penetrante.

- Aplicación Del Penetrante: El penetrante se aplica por cualquier método que humedezca totalmente la superficie que se va a inspeccionar, dependiendo del tamaño de las piezas, de su área y de la frecuencia del trabajo. Se puede seleccionar el empleo de rociado, inmersión, brocha, etc.; cualquiera que sea la selección, ésta debe asegurar que el penetrante cubra totalmente la superficie.

Actualmente existen diferentes clases de penetrantes, que tienen aplicaciones bien definidas; por ejemplo, si la superficie es rugosa, se debe emplear de preferencia un penetrante que sea lavable con agua; si la superficie es tersa, se puede usar un penetrante removible con solvente y si es necesaria una gran sensibilidad pero con una fácil remoción, debe emplearse un penetrante post-emulsificable.

Otra variable importante a tomar en cuenta es la sensibilidad, ya que si hace falta una alta sensibilidad (detección de fracturas muy pequeñas o cerradas), debe aplicarse un penetrante fluorescente de alta luminosidad o si se desea una sensibilidad normal, debe emplearse un penetrante contrastante (visible). Por otra parte, el tiempo de penetración es una variable crítica en este tipo de inspecciones.

INTERPRETACIÓN Y EVALUACIÓN DE LAS INDICACIONES.

Después de que ha transcurrido el tiempo de revelado, la pieza está lista para su evaluación, En esta etapa es importante considerar el tipo de iluminación, el cual se determina de acuerdo al proceso utilizado. Se emplea iluminación normal (luz blanca) de suficiente intensidad para el método de penetrante visible e iluminación ultravioleta (luz negra), para el método de penetrante fluorescente. La calidad de la inspección depende principalmente de la norma de aceptación, de la habilidad y de la experiencia del inspector para encontrar y evaluar las indicaciones presentes en la pieza.

LIMPIEZA FINAL.

Después de concluir la inspección, generalmente debe limpiarse la superficie de la pieza. Este paso puede realizarse mediante un enjuague con agua a presión, por inmersión o mediante un removedor. Por lo común, aquellas piezas que están sujetas a alta temperatura, pueden requerir que los residuos de penetrantes sean removidos de la superficie antes de someter la pieza a procesos posteriores, para asegurar que no exista reacción con el material.

En la página siguiente de este texto se .encuentra el diagrama 1, que ilustra las etapas de prueba de cada uno de los sistemas descritos con anterioridad.

APLICACIONES.

Las aplicaciones de los Líquidos Penetrantes son amplias y por su gran versatilidad se utilizan desde la inspección de piezas críticas, como son los componentes aeronáuticos, hasta los cerámicos como las vajillas de uso doméstico.

Muchas de las aplicaciones descritas son sobre metales, pero estofo es una limitante, ya que se pueden inspeccionar otros materiales, por ejemplo cerámicos vidriados, plásticos, porcelanas, recubrimientos electroquímicos. etc.

VENTAJAS DE LOS LÍQUIDOS PENETRANTES.

- La inspección por Líquidos Penetrantes es extremadamente sensible a las discontinuidades abiertas a la superficie.
- La configuración de las piezas a inspeccionar no representa un problema para la inspección.
- Son relativamente fáciles dé emplear.
- Brindan muy buena sensibilidad.
- Son económicos.
- Son razonablemente rápidos en cuanto a la aplicación, además de que el equipo puede ser portátil.
- Se requiere de pocas horas de capacitación de los Inspectores.

LIMITACIONES DE LOS LÍQUIDOS PENETRANTES.

- Solo son aplicables a defectos superficiales y a materiales no porosos.
- Se requiere de una buena limpieza previa a la inspección.
- No se proporciona un registro permanente de la prueba no destructiva.
- Los Inspectores deben tener amplia experiencia en el trabajo.
- Una selección incorrecta de la combinación de revelador y penetrante puede ocasionar falta de sensibilidad en el método.

PARTÍCULAS MAGNÉTICAS.

La inspección por Partículas Magnéticas permite detectar discontinuidades superficiales y sub-superficiales en materiales ferromagnéticos. Se selecciona usualmente cuando se requiere una inspección más rápida que con los líquidos penetrantes.

El principio del método es la formación de distorsiones del campo magnético o de polos cuando se genera o se induce un campo magnético en un material ferromagnético; es decir, cuando la pieza presenta una zona en la que existen discontinuidades perpendiculares a las líneas del campo magnético, éste se deforma o produce polos, Las distorsiones o polos atraen a las partículas magnéticas, que fueron aplicadas en forma de polvo o suspensión en la superficie sujeta a inspección y que por acumulación producen las indicaciones que se observan visualmente e manera directa o bajo luz ultravioleta. La figura 3 muestra el principio del método por Partículas Magnéticas.

FIGURA Inspección por partículas magnéticas.

Actualmente existen 32 variantes del método, que al igual que los líquidos penetrantes sirven para diferentes aplicaciones y niveles de sensibilidad. En este caso, antes de seleccionar alguna de las variantes, es conveniente estudiar el tipo de piezas a inspeccionar, su cantidad, forma y peso, a fin de que el equipo a emplear sea lo más versátil posible ya que con una sola máquina es posible efectuar al menos 16 de las variantes conocidas.

REQUISITOS DE LA INSPECCIÓN POR PARTÍCULAS MAGNÉTICAS.

Antes de iniciar la inspección por Partículas Magnéticas, es conveniente tomar en cuenta los siguientes datos:

1. La planificación de este tipo de inspecciones se inicia al conocer cuál es la condición de la superficie del material y el tipo de discontinuidad a detectar. Así mismo deben conocerse las características metalúrgicas y magnéticas del material a inspeccionar; ya que de esto dependerá el tipo de corriente, las partículas a emplear y, en caso necesario, el medio de eliminar el magnetismo residual que quede en la pieza.
2. si se trabaja bajo normas internacionales (Código. ASME, API, AWS) o de compañías (Bell, Pratt & Whitney o GE), las partículas a emplear deben ser de los proveedores de las listas de proveedores aprobados o confiables publicados por ellas. En caso necesario, se solicita al proveedor una lista de qué normas, códigos o especificaciones de compañías satisfacen sus productos.
3. Al igual que en el caso de los líquidos penetrantes, una vez seleccionado uno o varios proveedores, nunca se deben mezclar sus productos, como puede ser el caso de emplear las partículas del proveedor A con un agente humectante del proveedor B o las partículas de diferentes colores o granulometrías fabricadas por el mismo proveedor.

SECUENCIA DE LA INSPECCIÓN.

Es importante destacar que con este método sólo pueden detectarse las discontinuidades perpendiculares a las líneas de fuerza del campo magnético. De acuerdo al tipo de magnetización, los campos inducidos son longitudinales o circulares. Además, la magnetización se genera o se induce, dependiendo de si la corriente atraviesa la pieza inspeccionada o si ésta es colocada dentro del campo generado por un conductor adyacente. Las figuras 4, 5, 6 y 7 muestran algunos tipos de magnetización.

Las etapas básicas involucradas en la realización de una inspección por este método son:

LIMPIEZA.

Todas las superficies a inspeccionar deben estar limpias y secas. La expresión "limpia" quiere decir que la superficie se encuentre libre de aceite, grasa, suciedad, arena, óxido, cascarilla suelta u otro material extraño, el cual pueda interferir con el ensayo.

MAGNETIZACIÓN DE LA PIEZA.

Este paso puede efectuarse por medio de un imán permanente, con un electroimán o por el paso de una corriente eléctrica a través de la pieza, para la detección de discontinuidades superficiales; pero es ineficiente para la detección de discontinuidades sub-superficiales.

Si lo que se espera es encontrar defectos superficiales y sub-superficiales, es necesario emplear la corriente rectificada de media onda; ya que esta presenta una mayor penetración de flujo en la pieza, permitiendo la detección de discontinuidades por debajo de la superficie. Sin embargo, es probable que se susciten dificultades para desmagnetizar las piezas.

Magnetización lineal. La forma de magnetizar es también importante, ya que conforme a las normas comúnmente adoptadas, la magnetización con yugo sólo se permite para la detección de discontinuidades superficiales. Los yugos de AC o DC producen campos lineales entre sus polos y por este motivo tienen poca penetración.

Otra técnica de magnetización lineal es emplear una bobina (solenoide). Si se selecciona esta técnica, es importante procurar que la pieza llene lo más posible el diámetro interior de la bobina; problema que se elimina al enredar el cable de magnetización alrededor de la pieza. Entre mayor número de vueltas (espiras) tenga una bobina, presentará un mayor poder de magnetización.

Magnetización circular. Cuando la pieza es de forma regular (cilíndrica), se puede emplear la técnica de cabezales, que produce magnetización circular y permite la detección de defectos paralelos al eje mayor de la pieza. Una variante de esta técnica es emplear contactos en los extremos de la pieza, que permiten obtener resultados similares. Otra forma de provocar un magnetismo circular es emplear puntas de contacto; pero sólo se recomienda su empleo para piezas burdas o en proceso de semi acabado. Se deben utilizar puntas de contacto de aluminio, acero o plomo para evitar los depósitos de cobre, que pudieran iniciar puntos de corrosión. Esta técnica permite cierta movilidad con los puntos de inspección, pudiéndose reducir la distancia hasta 7 cm. entre los polos o aumentarse hasta 20 cm., con lo cual es factible inspeccionar configuraciones relativamente complicadas.

Para la inspección de piezas con alta permeabilidad y baja retentividad, como es el caso de los, aceros al carbono o sin tratamiento térmico de endurecimiento, es recomendada la técnica de magnetización continua; esto es, mantener el paso de la energía eléctrica mientras se efectúa la inspección. Cuando las piezas son de alta retentividad, se acostumbra emplear el campo residual (magnetismo residual). En este caso se hace pasar la corriente de magnetización y posteriormente se aplican las partículas.

DESMAGNETIZACIÓN.

Debido a que algunos materiales presentan magnetismo residual, en ocasiones es necesario efectuar la desmagnetización de fa pieza para evitar que el magnetismo residual afecte el funcionamiento o el procesamiento posterior de la misma. Como regla general se recomienda que si se emplea corriente alterna, se desmagnetice con corriente alterna; de manera similar, si se magnetiza con corriente rectificada, se debe desmagnetizar con corriente rectificada.

La des-magnetización consiste en aplicar un campo magnético que se va reduciendo de intensidad y cambiando de dirección hasta que el magnetismo residual en el material queda dentro de los Imites de aceptación.

VENTAJAS DE LA PARTÍCULAS MAGNÉTICAS.

Con respecto a la inspección por líquidos penetrantes, este método tiene las siguientes ventajas:

- Requiere de un menor grado de limpieza.
- Generalmente es un método más rápido y económico.
- Puede revelar discontinuidades que no afloran a la superficie.
- Tiene una mayor cantidad de alternativas

LIMITACIONES DE LAS PARTÍCULAS MAGNÉTICAS.

- Son aplicables sólo en materiales ferromagnéticos.
- No tienen gran capacidad de penetración.
- El manejo del equipo en campo puede ser caro y lento.
- Generalmente requieren del empleo de energía eléctrica.
- Sólo detectan discontinuidades perpendiculares al campo.

ULTRASONIDO INDUSTRIAL

Este sistema de inspección tiene sus orígenes en los ensayos de percusión, en los cuales los materiales eran golpeados con un martillo y se escuchaba cuidadosamente el sonido que la pieza examinada emitía. La desventaja de estos ensayos es que sólo permitían detectar defectos de una magnitud tal que ocasionarán un cambio en el tono del sonido que emitía el material sujeto a prueba y por este motivo eran poco confiables en la inspección preventiva.

El examen por Ultrasonido Industrial (UT) se define como un procedimiento de inspección no destructiva de tipo mecánico, que se basa en la impedancia acústica, la que se manifiesta como el producto de la velocidad máxima de propagación del sonido entre la densidad de un material.

La historia del Ultrasonido Industrial como disciplina científica pertenece al siglo XX. En 1924, El Dr. Sokolov desarrolló las primeras técnicas de inspección empleando ondas ultrasónicas. Los experimentos iniciales se basaron en la medición de la pérdida de la intensidad de la energía acústica al viajar en un material. Para tal procedimiento se requería del empleo de un emisor y un receptor de la onda ultrasónica.

Posteriormente, durante la Segunda Guerra Mundial, los ingenieros alemanes y soviéticos se dedicaron a desarrollar equipos de inspección ultrasónica para aplicaciones militares. En ese entonces la técnica seguía empleando un emisor y un receptor (técnica de transparencia) en la realización de los ensayos.

No fue sino hasta a década de 1940 cuando el Dr. Floyd Firestone logró desarrollar el primer equipo que empleaba un mismo palpador como emisor y receptor, basando su técnica de inspección en la propiedad característica del sonido para reflejarse al alcanzar una interface acústica. Es así como nace la inspección de pulso eco; esta nueva opción permitió al ultrasonido competir y en muchas ocasiones superar las limitaciones técnicas de la radiografía, ya que se podían inspeccionar piezas de gran espesor o de configuraciones que sólo permitían el acceso por un lado.

a) La ganancia, que es la capacidad de amplificación del instrumento y que debe ser de por lo menos 60 dB; esto es, que pueda amplificar las señales del orden de 1,000 veces como mínimo. Adicionalmente, la ganancia debe estar calibrada en pasos discretos, de 2 dB.
b) La pantalla debe tener una retícula grabada en la pantalla del tubo de rayos catódicos y deberá estar graduada en valores no menores del 2% del total de la escala.
c) El ruido del instrumento (señal de fondo) no debe exceder del 20% del total de la escala vertical cuando la ganancia esté al máximo de operación. En el caso de emplear medidores con lectura digital o analógica, la repetitividad del instrumento no deberá ser menor al 5%.

Por otra parte, todas las normas exigen que el instrumento de inspección ultrasónica sea revisado y, en caso necesario, recalibrado por un taller de servicio autorizado por el fabricante.

Este último punto es de vital importancia si se está trabajando bajo códigos o normas de aceptación internacional como AWS o ANSI/ASME. Con base en lo anterior, antes de adquirir un equipo, es recomendable visitar al proveedor y comprobar que cuenta con la licencia por parte del fabricante para dar el servicio de mantenimiento preventivo y correctivo al equipo.

A continuación se deben seleccionar el palpador y el cable coaxial a ser empleados.

Los cables son del tipo coaxial para prevenir problemas de interferencia eléctrica y sus conexiones deben ser compatibles con las del instrumento y el palpador a emplear. La longitud del cable afectará la calidad de la inspección, por lo que se debe evitar el empleo de cables más largos de lo recomendado por los fabricantes del equipo.

La selección del palpador es uno de los puntos más créticos, ya que de él dependerá en gran medida la calidad de la inspección.

Los factores a ser tomados en cuenta para la selección de un palpador son:

- Número de elementos piezoeléctricos.
- El tipo de inspección (contacto, inmersión, alta temperatura).
- El diámetro del elemento piezoeléctrico.
- La frecuencia de emisión.
- En su caso, el ángulo de refracción.
- El tipo de banda.
- El tipo de protección de anti desgaste.

Por lo común, las normas establecen las condiciones mínimas que deben cumplir los palpadores. Como la variedad de éstos es muy amplia.

En cuanto al sonido, una vez que ha sido introducido en el material sujeto a inspección, puede presentar diferentes formas (modos) de conversión (viaje). Así pues, si el palpador está orientado perpendicularmente a la superficie de inspección (superficie de incidencia), el sonido viajará preferentemente de forma compresiva (se desplazará con una velocidad longitudinal o compresiva) y será este modo el que se empleará para detectar las indicaciones.

Si por el contrario el palpador se inclina dentro de ciertos ángulos (entre el primer y segundo ángulo crítico de la ley de Snell) sobre la superficie de incidencia, el sonido viajará preferentemente de forma cortante: el sonido se desplazará con una velocidad transversal o cortante. Por último, si el palpador se inclina con una orientación tal que el haz incida con un ángulo igual al segundo ángulo crítico de la ley de Snell, el haz viajará de forma superficial: el sonido se desplazará con una velocidad superficial.

Cada uno de estos modos de propagación tiene aplicaciones muy específicas en la inspección ultrasónica y su selección dependerá de las características de la pieza sujeta a inspección y de las discontinuidades que se quieran detectar.

Si el material está libre de indicaciones que puedan ser detectadas, la señal será constante en cuanto a su intensidad y posición; pero si hay un cambio en las propiedades acústicas del material o una discontinuidad, que refleje, atenúe o disperse el haz de ultrasonido, la señal se modificará y se podrá observar una disminución en la amplitud de la señal de la pared posterior o la aparición de indicaciones antes de lo esperado.

La interpretación de estos cambios en las señales debe ser realizada por personal que ha sido capacitado, calificado y que cuente con la experiencia necesaria en la inspección a realizar, ya que de ello depende que los resultados sean confiables, reproducibles y repetitivos.

APLICACIONES.

El Ultrasonido Industrial es un ensayo no destructivo ampliamente difundido en la evaluación de materiales metálicos y no metálicos.

Es frecuente su empleo para la medición de espesores, detección de zonas de corrosión, detección de defectos en piezas que han sido fundidas forjadas, roladas o soldadas; en las aplicaciones de nuevos materiales como son los metal cerámicos y los materiales compuestos, ha tenido una gran aceptación, por lo sencillo y fácil de aplicar como método de inspección.

ACERCA DEL AUTOR

VI Director de la Fundación Adolfo Ernst del Centro de Ingenieros del Estado Zulia
Miembro Suplente de la Asamblea de Representantes del Colegio de ingenieros de Venezuela
Ingeniero Mecánico, Magister en Gerencia de Recursos Humanos con Diplomados en Gerencia Financiera, Formulación y Evaluación de proyectos, Gerencia de Operaciones de Producción y Ciencias y Técnicas de Gobierno.
La experiencia laboral en el área de la soldadura cubre:

- La supervisión de los Talleres de Soldadura y de Equipos Rotativos de la Organización de Talleres Centrales Lagoven la Salina.1995-96.
- Instructor de soldadura de las empresas de adiestramientos ACOPROIN C.A. y SERVICIOS GDP S.A. cubriendo clientes como NABORS 3 talleres y WOOD GROUP 1 taller con programas de instrucción y certificación según la sección IX del código ASME BVPC y Ferrominera CVG 2 talleres con programas para la reparación de cascos de buques y gabarras. 2004-12

Entre los trabajos más resaltantes:.

- Coordinación del equipo de expertos para el desarrollo del programa de desarrollo y formación artesanal armador de estructuras metálicos, soldador de tubulares para PDVSA CIED 1996-99
- Colaboración con el equipo de reparación de ejes de turbina General Electric Frame 3, Talleres Centrales la Salina 1995-98.
- Colaboración con el equipo de reparación de las camisas de la carcasa del motocompesor Clark de la Planta de Refrigeración de la Salina, 1997-98.
- Implantación del programa de formación de soldadores para el Servicio Autónomo Puente General Rafael Urdaneta 2006-08.

www.ingramcontent.com/pod-product-compliance
Lightning Source LLC
Chambersburg PA
CBHW062329220526
45469CB00008B/2643